動物病院経営 実践マニュアルVol.2

スタッフがイキイキ働く!!

動物病院チームマネジメント術

― 実践例に基づくスタッフ力アップのための11の方法 ―

藤原慎一郎 著

チクサン出版社

まえがき

　昨今の動物病院において、飼い主さんへのホスピタリティの提供や満足感の向上、さらには経営力に対して大きな要素となってきているのが動物看護士はもちろん、受付や清掃の方などを含めた「スタッフ力」です。

　これは、2008年のリーマンショックを発端とした景気後退により、動物病院内部が一体化しないと業績が向上しない、という切実な現実にも影響を受けています。

　残念ながら、多くの動物病院でスタッフの存在はあまり重要視されず、ほとんどのスタッフは「獣医療においてドクターを補佐する職種」という、一面的な認識で働いています。

　もちろん、「獣医療においてドクターを補佐する職種」という本業の位置付けは重要です。しかしながら、それ以外の「飼い主さんや動物たちを癒す」「飼い主さんに喜ばれる企画を思いつき実行する」「病院というチームの推進力になる」という要素もさらに重要になってきています。

　チームマネジメントを追求し、動物看護士やスタッフの院内での役割を向上させると、スタッフ一人当たりの生産性が高まり、病院の収益に貢献することができるようになると感じています。

　これまでも動物看護士などを専門職としての視点で解説した、スタッフに読んでもらうための教育書籍は多々ありました。しかし「チーム力を高めるためのスタッフ教育」を院長に知っていただくための書籍や、スタッフに「動物病院の中での重要なチームメンバーであり大切なフォロワー」としての役割を認識してもらうための書籍は、あまり見受けられませんでした。本書では、動物看護士やスタッフの力をさらにパワーアップするための実践的な内容を盛り込みましたので、多くの院長やスタッフに役立てていただきたいと思います。

2011年2月

著　者

目　次

まえがき ･･･ 3

序　章　病院の収益に貢献する5つの視点 ････････････････････････････････ 7
1. 社会人として ･･ 7
2. 動物看護士など専門職として ････････････････････････････････････ 7
3. チームメンバーとして ･･ 7
4. 経営スタッフとして ･･ 8
5. 病院全体の推進力として ･･ 8

第1章　動物病院における教育 ･･ 9
1. 2010年以降最新の動物看護士・スタッフ事情 ････････････････････ 9
2. 動物病院経営に必要な3つの要素 ････････････････････････････････ 9
3. 現場での院長とスタッフの年齢差 ･･････････････････････････････ 10
4. 物事を成し遂げるための3つの「カク」 ････････････････････････ 10
5. 教育方法の選択肢 ･･ 11

第2章　時代とともに変化する動物看護士の役割 ･･････････････････････ 13
1. 院内人数が多い職種の重要性 ･･････････････････････････････････ 13
2. ロイヤルティ、ホスピタリティ、パーソナリティ ････････････････ 13
3. 経営におけるスタッフの重要性 ････････････････････････････････ 14
4. 院長の生産性の上限 ･･ 14
5. 獣医師の高学歴化と動物看護士・スタッフの役割 ･･････････････ 15

第3章　社会人としての教育 ･･ 17
1. 就職後は給与を受け取る社会人 ････････････････････････････････ 17
2. 報告、連絡、相談etc. ･･ 17
3. 言葉遣いの教育方法 ･･ 18
4. 非常識と常識の間 ･･ 18
5. 携帯電話・パソコンの弊害 ････････････････････････････････････ 18

第4章　接遇力アップ ･･ 21
1. 人と動物に触れ合う動物看護士・スタッフ ････････････････････ 21
2. スタッフの接遇力が病院を決める!! ････････････････････････････ 21
3. マナーとルール ･･ 22
4. メラビアンの法則は大切だけど？ ･･････････････････････････････ 22
5. 表情が与える印象 ･･ 23

第5章　ホスピタリティの落とし込み ････････････････････････････････ 25
1. 想像力の欠如からの脱却 ･･････････････････････････････････････ 25
2. 動物病院のホスピタリティはおもてなし？ ････････････････････ 25
3. 自分たちのホスピタリティレベルを知ろう ････････････････････ 26
4. 動物看護士の仕事は感情労働 ･･････････････････････････････････ 26
5. モチベーションがホスピタリティを決める ････････････････････ 27

第6章　経営スタッフとしての動物看護士・スタッフの役割 ････････････ 29
1. リーダーとフォロワー ･･ 29
2. 技術・サービス力の向上だけではない動物看護士・スタッフの役割 ･･33
3. 院長は一人、動物看護士・スタッフは複数 ････････････････････ 33
4. 女性の一般的特性と感性を活かそう ････････････････････････････ 34
5. 企画やイベント、ポスターetc.は動物看護士・スタッフが主役 ････ 34

第7章　ゆとり教育世代の特徴 ……………………………………………………… 37
　　　1. ゆとり教育世代とは？ ………………………………………………………… 37
　　　2. ゆとり教育世代と他の世代との嗜好・思考・志向の違い ……………… 37
　　　3. ゆとり教育世代は良い世代!? ………………………………………………… 38
　　　4.「最近の若いスタッフは…」という言葉 …………………………………… 39
　　　5. ゆとり教育世代スタッフをエンジンにするか？　ブレーキにするか？ … 39

第8章　イキイキしながら、働くために必要なこと ………………………… 41
　　　1.「楽」しい仕事と「楽」する仕事との違い ………………………………… 41
　　　2. 小さな成功体験の積み上げ …………………………………………………… 41
　　　3. プラスのイメージをつけるための脳科学 …………………………………… 42
　　　4. 自分の存在と他人の存在価値 ………………………………………………… 43
　　　5. 目標は大切なのか？　結果の開示が大切 …………………………………… 43

第9章　リーダースタッフを作るコツ …………………………………………… 45
　　　1. チームメンバー数に応じた結節点 …………………………………………… 45
　　　2. リーダーに求める役割 ………………………………………………………… 46
　　　3. チームリーダー、イメージリーダー、マネジメントリーダー ………… 47
　　　4. 見える化のススメ ……………………………………………………………… 47
　　　5. 特別感≒責任感 ………………………………………………………………… 48
　　　6. リーダー育成の仕組化〜リーダーを育成する評価制度とは？〜 ……… 48
　　　7. リーダー連鎖による病院成長 ………………………………………………… 52
　　　8. リーダー業務の棚卸し ………………………………………………………… 54

第10章　いきいきプログラム10 …………………………………………………… 57
　　　1.「楽しさ」や「明るさ」を感じる仕組み …………………………………… 57
　　　2. いきいき朝礼 …………………………………………………………………… 57
　　　3. レターでの感謝法 ……………………………………………………………… 58
　　　4.「愛の密告」制度 ……………………………………………………………… 58
　　　5. 全脳思考プログラム …………………………………………………………… 58
　　　6. ポジションによるネーミング法 ……………………………………………… 59
　　　7. いきいき行動評価 ……………………………………………………………… 59
　　　8. サプライズフィードバック …………………………………………………… 60
　　　9.「もしも」ロールプレイング ………………………………………………… 61
　　　10. ミーティングのポジティブルール ………………………………………… 62
　　　11. OFFタイム企画一覧 ………………………………………………………… 62

第11章　クレーム対応力をアップする!! ………………………………………… 67
　　　1. 動物病院はクレームと隣り合わせ …………………………………………… 67
　　　2. クレームに対する危機管理 …………………………………………………… 67
　　　3. 逃げないことから始まるクレーム対応 ……………………………………… 70
　　　4. 動物病院クレームケーススタディ24 ………………………………………… 70

第12章　対談 …………………………………………………………………………… 75
　　　1. 保久　留美子（北海道旭川市・緑の森どうぶつ病院）…………………… 76
　　　2. 和田　勝子　（大阪府豊中市・ノア動物病院）…………………………… 81
　　　3. 柴田　由起　（愛知県知多郡阿久比町・清水動物病院）………………… 84

付　録1　スタッフのための漢字チェックテスト …………………………… 89
　　　パート1　基礎編 (60問) ………………………………………………………… 91
　　　パート2　臨床検査編 (60問) …………………………………………………… 93
　　　パート3　動物行動学など (60問) ……………………………………………… 95

付　録2　藤原スコープ2 ＜動物病院業界短信＞ …………………………… 97

序章

病院の収益に貢献する
5つの視点

　スタッフの活躍の可能性は無限大にあります。院長の片腕になり経営陣に加わっている動物看護士や、教育係としてスタッフのリーダーになっている40代のパートさん、企画立案を率先して実行している新人スタッフなど，従来の基本業務以上の役割を、責任を持ちながら積極的にイキイキと実行している人が，現場でも見受けられるようになりました。

　本来そのような重要な役割にもかかわらず、人医療の看護師の社会的地位と動物看護士の社会的地位には雲泥の差がみられるようです。

　人医療の看護師には国家資格がありますが、動物看護士にはありません。そもそも獣医療の補助という仕事の内容が、社会的にも法的にも明確ではないという実情があります。さらに人医療は健康保健制度によって診療報酬における点数が確保でき、働き方がはっきりと収益に直結して見えます。一方、動物看護士では働き方と収益との関係が見えにくくなっています。しかし、本質的には自由診療の獣医療でも動物看護士やスタッフが重要な役割を持ち、経営にも大きな影響を与えることは同じはずです。

　動物看護士やスタッフの社会的地位を向上させるためには、スタッフ一人当たりの生産性を高め、病院の収益に貢献できるようにすることが重要になると感じています。

　そのような役割を実践してもらうためには、院長のスタッフに対する5つの視点が重要であり、スタッフ自身も同一の心構えを持つ必要があります。

　その5つの視点を以下に述べます。

1. 社会人として

　動物病院という社会になくてはならない一機関に勤務する職員としての視点です。飼い主さんの年代や嗜好は幅広いので、常識的なレベルで不快感を与えないような立ち居振る舞い、あいさつなどが必要になります。また、院内においては報告・連絡・相談や、スタッフに求められる役割を事前に認識し、前向きに働くことが必要となります。

2. 動物看護士など専門職として

　動物の命を預かる職種であることを認識し、獣医療における看護士としての知識や技術、思考力が必要となります。

3. チームメンバーとして

　動物病院という経営体は複数のスタッフで構成されることが多いと思います。複数の組織で

成り立っている動物病院はひとつのチームです。スタッフはこのチームで構成される動物病院の中での重要なメンバーであるという位置付けを持っています。コミュニケーションによって、情報を共有化させることも必要であり、それぞれの特性からチームにおける役割も変わってきます。

4. 経営スタッフとして

　動物病院はひとつの経営体であり、存続し続けるためには質の高い獣医療・サービスを提供し、適正な利益を確保しなければなりません。スタッフは収益を確保するための重要な位置付けを担っています。ホスピタリティの提供はもちろんのこと、動物病院の経営に好影響を与えることを実行する役割も担っています。

5. 病院全体の推進力として

　病院の雰囲気は、働いているスタッフの熱意とやる気で変わってきます。日常の診療業務はもちろん、病院が新しいことにチャレンジしていく時の推進力はスタッフが高めていく場合も多いかと思います。スタッフのモチベーションが病院の推進力を決めていきます。スタッフのモチベーションを高めるには、
①院長は社会における動物病院の大切な役割について、自分の考えを常に語る。
②スタッフは院内での自分の仕事の役割を自覚する。
③スタッフは自分の将来像を明確に描く。
④飼い主さん、スタッフ同士と対話する力を身に付ける。
などがあります。

経営コラム

飼い主さんとつながる設計図

　景気低迷に伴い、動物病院のクライアントさんいわく、多くの飼い主さんが高額な治療を敬遠する傾向にあるという。これは、日本全体での傾向である。しかし、プラスアルファの価値をつけたり、説明力をつけたりすることで高額な治療へ誘導することは可能だ。例えば歯石を採取し、細菌を顕微鏡で見せて飼い主さんに説明し、スケーリングに導いたりできる。避妊・去勢をするメリットについて時間をかけて説明する方法もある。また、予防や治療に対する意識は高いが、お金があまり出せない飼い主さんに提供する低額な商品（スケーリングが難しいなら歯石除去スプレーなど）の代替提案をしているかどうかも重要である。飼い主さんとの関係をつなげていく設計図を、自分たちで持てば、時流を乗り越えることができる。

フィラリア予防を補完するメニュー

　毎年冬にフィラリア予防を補完するためのメニューを検討したい。子犬の販売頭数が減少している現状から、今後はフィラリア予防も減少すると予測できる。多くのクライアントさんでは、検査メニューの増加や予防関連メニューの追加など、この時期から検討している。過去の延長では対応できないようになっている今、新しい対策を早く実施すると発展があり、そうでないと衰退する。本書の読者は前者になって、ワクワクする明るい未来を描いて欲しい。

第1章

動物病院における教育

Point！
1. 不況が続き、動物病院の二極化が進んでいる。
2. 病院の短期的かつ長期的な収益と、ブランド化に貢献できるスタッフが求められている。
3. 診療単価を維持し上げるためには、何をしたら良いのかを突き詰めて考えたい。

1. 2010年以降最新の動物看護士・スタッフ事情

　2008年8月のリーマンショックからはじまった不況により、動物病院業界も影響を受け出しています。不況の影響によりペットブームが終わり、子犬が売れなくなっていることも影響しています。また、飼い主さんの経済状況の悪化により来院頻度が少なくなり、一回当たりに使う診療単価も減少しつつあります。このような動物病院の経営状況から、動物病院の看護士やスタッフに求められる能力が変化してくると予想されます。動物病院の二極化が進むことによって、動物看護士としての診療補助業務しかできないとか、スタッフとしてのサポート業務しかできないといった、単一の仕事しかできないのでは、雇用を継続することが難しくなってきているからです。

　もちろん、本来の業務を追求し、かなり高いレベルになれば病院としての戦力になります。しかし、そこまでの能力が本当に身についている動物看護士やスタッフはそう多くはありません。本来の診療に関する業務だけではなく、病院の短期的かつ長期的な収益やブランド化に貢献するスタッフでないと、病院としては雇用が維持できなくなっています。今までは、動物医療を必要とする動物が増え続けたため、ドクターが生産性を上げれば収益が確保できました。

　しかし、動物医療を必要とする動物が、何もしなければ増えない現実に直面しているのですから、増える努力をしなければいけません。また、診療単価を上げるには、何をすればよいのかを考えなければならないのです。このように、新しい考え方をするスタッフが求められています。また、院長はこのような思考を持つスタッフを教育し、育てていかなければならないのです。スタッフに、動物病院の経営面においてもチームメンバーであることを意識してもらうことが始まりなのです。

2. 動物病院経営に必要な3つの要素

　動物病院の経営には、獣医学や臨床の知識・能力などはもちろん必要です。しかし、それだけではこの時代に経営を安定させることはできません。そこで、必要になるのが経営要素です。

まずは、飼い主さんに満足してもらい売上を増やす仕組みを作ることです。仕組みがないと継続して売上は伸びていきません。

もうひとつは運転資金などのキャッシュです。資金がないと新しい試みもできませんし、心の余裕も持てなくなります。余裕がない院長を飼い主さんは見抜きます。警戒心が生じるため、病院から離れていくという現象も起きてきます。

そして、最も重要な要素が「人」、つまり働いているスタッフです。ドクター、動物看護士、スタッフは病院の推進力です。有名な戦国武将である武田信玄の言葉に「人は城 人は石垣 人は堀」というものがあります。人という要素は非常に重要で、力になれば病院の強い推進力になります。

多くの成功された院長とお話をすると「最後は人次第である」という言葉がよく出てきます。もちろん、病院経営には先に述べたマーケティングや資金が大切です。しかし病院が大きくなり、一人の力では動かなくなったときには、さらに人の要素が重要になってくるのです。

3. 現場での院長とスタッフの年齢差

今、動物病院の院長の多くは35歳以上だと思います。今は勤務医志向が高まっているため、2年程度の臨床経験を経て開業をしていた過去とは違い、若い院長は少なくなってきていると予想できます。逆に動物看護士は専門学校を卒業してすぐに就職すると20歳くらいになります。スタッフの中には18歳くらいの高卒の人が勤務している場合もあります。

また、年齢差の問題だけではなく、受けてきた「教育」自体にも35歳以上の院長とはギャップが生じています。いわゆる「ゆとり教育」です。ゆとり教育は詰め込み教育や競争を「悪」としており、授業時間も短くなりました。運動会では順位を決めることを否定するため、全員が一緒になってゴールテープを切るような教育でした。もちろん、その教育によって柔軟な発想が出てきたことも事実あります。この世代のスポーツ選手では、石川遼や浅田真央など若くして世界レベルで活躍する選手も出てきています。

しかし、この世代には「積極性がない」「すぐに逃げる」「叱ると立ち直れない」「自分で何も考えることができない」という院長の愚痴通りの若者がいるのも事実です。

年齢差に加え、教育や社会状況の違いによる思考や嗜好の違いなどが顕著になり、戸惑っている院長を多く見かけます。しかし、そのような若いスタッフを戦力にしなければ動物病院の運営は難しくなっているのもまた現実です。

4. 物事を成し遂げるための3つの「カク」

ソフトバンクの孫社長は、物事を成し遂げるためには3つのカクが必要だと言っています。それは「性格、才覚、人格」です。「人格があり才覚があるが性格が悪いと周りは付いていかず、才覚と性格はいいが人格がないと人を統率できない。人格もあり性格が良いが才覚がないと上に立てない。この三つのカクを教えていくことが必要であるが、学校教育は才覚しか教えていない」と語っています。この言葉には納得します。学校教育は知識の部分は教えているけれど、人としてどのようなものが大切なのかということや思いやりの心を持たなくてはいけないことなど、本質的な部分は教えていないということです。

確かに、性格や人格の部分は形にならないため教えにくいものです。部活動やサークル活動

など、人と触れ合うコミュニティを通して学ぶものも多々あります。しかし、実は、動物病院で勤務し飼い主さんと触れ合う上では「性格」と「人格」がとても重要になってくるのです。勤務経験がなく初めて社会人になるドクター、動物看護士、スタッフが就業しているケースも多々あるでしょう。経営体に求められるものは、収益性、社会性、教育性です。動物病院という経営体である以上、性格と人格を高める教育を行う義務があるのです。技術を教えることのみに集中してしまえば、動物病院のチーム力を高めるようなスタッフは育ちにくくなります。皆さんは技術だけを教えてはいないでしょうか？

5. 教育方法の選択肢

もうひとつ、教育において障害になっていることは「院長自身が勤務期間中に教育を受けていない」ということです。35歳以上の院長が受けてきた教育は「修行」に近いものだったと思います。院長や先輩が行う手術などの助手に入り、目で見て手技を盗み、自分自身がんばって勉強し知識を習得してきたと思います。開業するという意識が高く、積極的に自ら学んでいたかもしれません。

実は、このような院長の意識レベルの高さが、逆にスタッフ教育の弊害になってきます。評価制度で陥りやすい現象に対比誤差というものがあります。これは、自分を基準にしてスタッフを評価してしまう現象です。この現象に陥るとスタッフの評価は当然低いものになります。ここを、修正してみましょう。

「自分と意識レベルが違う」「知識水準が違う」という認識からスタッフ教育は始まります。実は、スタッフを教育するということは院長も教育されるということです。自分の伝え方、自身のスタンス、教えるステップなど院長自身も意識しなければならないからです。

例えば、「ホスピタリティ」という言葉をとっても解釈が異なります。「おもてなし」という言葉のレベルも変わってくるのです。「飼い主さんが重いフードを持っていたら、ドアを開けてあげる」というように、具体的なシチュエーションで表現する方がスタッフには伝わりやすいものです。

しかし、院長が「ホスピタリティを待合室で意識しろ」と表現したらスタッフはイメージを持てないでしょう。このようなギャップを埋めていくことから教育は始まるのです。

だからといって教育をするために、教師になる必要はありません。院長自身が感じていることを明確に表現していくことが教育の第一歩です。院長が不得手なものは、外部機関に任せることも重要です。社会人教育やビジネスマナーは、多くの院長があまり習得していません。これは、当然です。学校を卒業してから、多数の院長は臨床経験を積むため動物病院に勤務します。昔の動物病院は特に社会人教育やビジネスマナーとは無縁でした。ですから、院長も自身が教育は不得手ということを認識し、外部の教育機関に任せてみることも重要になるのです。私の顧問先の院長の中には、スタッフと一緒に接遇セミナーに参加される方もいらっしゃいます。「自分は教育方法をあまり知らない」と院長が認識すると、おのずと打開策は見えてきます。

経営コラム

毎年12月の企画は大切

　12月の企画は、進んでいるだろうか？クリスマスに合わせた企画や年末のあいさつ状、12月から啓蒙していく避妊・去勢、新年を綺麗に迎えるためのグルーミングパックなどドンドン企画が展開できる月である。動物病院の売上の推移としては、例年、11月より12月の方が高くなる傾向だった。しかし、今年は、何も動かないと売上が落ちる可能性は高い。なぜなら、ご存知の通り、充分に納得すること以外はお金を使わないというマインドが強くなっているからだ。しかし、この月は企画できる要素が多い月であり、来年までつなげやすい月なのだ。ぜひ前向きに行動したい。

病院としてのコンセプトの変更

　2010年1月に入り、クライアントさんから「例年より子犬の来院が減少した」という言葉をよく聞く。毎年ボーナスが支給される12月は、子犬の販売頭数が増加する傾向にあった。しかし、今年はボーナス減少などの影響から、販売頭数が減少しているのであろう。このような状況をふまえ、私は、高齢犬や猫やうさぎに焦点を当てた企画立案、さらに病院としてのコンセプトの変更を行うよう勧めている。例えば関節に関する検査・治療促進や、猫から派生するズーノーシスのPRなどがある。これらは、啓蒙を踏まえた上での訴求から効果を発揮する。啓蒙は時間がかかるが、粘り強く信念を持って情報発信してほしい。子犬に対して、生涯のかかり付けの病院になるという従来のスタイルが、通用しづらくなっている。今、柔軟な発想と信念を持った継続力が重要である。

変化に対して柔軟な対応が大切

　2010年も社会全体に大きな変化があった年だった。動物病院もやはり、いろいろな外部要因に影響を受けている。しかし、経営手法を勉強し、実践している病院も多いため、まだまだ発展する可能性を秘めている。ホームページをリニューアルし、初診数が倍増した動物病院、薬の棚卸しや仕入先の変更で年間200万円の原価削減に成功した動物病院など多々ある。まずは、今までとは違った視点を持ち、従来の経営を見直さなければならない。時代が変わり、意識が変わり、ニーズが変わっている。変化に対して柔軟に対応していくと、明るい2011年になる。

捨てる勇気も必要

　昨年一年間のクライアントさんの業績結果が集まり出した。この不景気でも、業績が伸びている動物病院も多々ある。新しいことにチャレンジし、時代の流れに適応しているかどうかが大きなポイントである。高齢犬にきっちりとターゲットを絞り訴求している病院やエキゾチック科を立ち上げた病院、トリミングにも健康の要素を取り入れるなどの方向性もある。さらに、これらを徹底しているということも重要な要素だ。幅広くいろいろなことを実行しても、徹底力がないと結果が付いてこないこともある。中途半端になり、推進力がなくなっている可能性もある。その時には、取捨選択する勇気も必要になる。

第2章

時代とともに変化する動物看護士の役割

Point！
1. スタッフの個性を尊重し、伸ばすことができれば、それは戦力になる。
2. 院長以外にもスタッフが、「生産性ポテンシャル」を高める仕組み作りが大切。
3. 獣医師と動物看護士やスタッフとの感性・意識の乖離を少しでも埋めていきたい。

1. 院内人数が多い職種の重要性

　動物病院にはドクターと動物看護士しかいない規模もあれば、ドクター、動物看護士、サポートスタッフ、受付と多様な職種のスタッフが混在している規模まで様々あります。

　院長はドクターです。しかし、違った切り口で考えると経営者という職種になります。この分類でいえば院長とその他のスタッフは、経営者と労働者に分けられます。この切り口で考えた場合、多くの動物病院では労働者に分類されるスタッフの人数が多くなります。最終的な意思決定は、経営者である院長が行うでしょう。しかし、実働の多くはスタッフが行っているケースが多々あります。

　このように考えると、多くの推進力はスタッフが生み出すのです。院長はこのことをしっかりと認識する必要があります。ワンマン型の院長は、「自分が推進力だからスタッフは自分を補完するにすぎない」と考えがちです。そうすると、推進力は一体化した病院よりも弱くなります。そして、周辺の病院よりも医療サービスレベルが劣っていくため、業績も悪化しやすくなるのです。トップダウンで意思決定することとワンマンは違います。病院の中でスタッフは人数の多い職種だということを意識する必要があります。

2. ロイヤルティ、ホスピタリティ、パーソナリティ

　私は自院の強みを生かし質の高い動物病院を作る上で、スタッフには3つの「ティ（ty）」が必要だと思っています。ひとつめは、ロイヤルティです。これは忠誠心といわれます。誰に対する忠誠心でしょうか？　病院に対する忠誠心です。

　まず大切なのは「この病院が好き」という感情です。好きだからこそ、楽しくなってくる、そしてこの病院に勤務できることを誇りに思うようになります。スタートは「好き」になってもらえるかどうかです。

　次はホスピタリティです。飼い主さんや同僚の悩みや想いを自分事のように想像でき、かつ、少しでも悩みや苦痛を和らげることができるように行動することです。これは、人に対する「思

いやり」でしょう。個々人の育ちも多いに関係するように思います。目配りや気配りが連動していきます。教育ももちろんですが、面接時での対応や今までのアルバイト及びクラブ活動などの経験から想像していくことも重要です。動物が亡くなった飼い主さんがいる横で、雑談をして笑っているようなスタッフがたまにいると聞きます。このようなスタッフは病院の評判を落とすようになります。若手スタッフにはモデルケースなどを用いて教育していくことが必要になると考えます。

最後はパーソナリティです。多くの動物病院は同じような雰囲気を持っています。これは、従来の動物病院像のイメージが同質化していることが原因のような気がします。特に年配の院長が経営している動物病院は、「似たような」動物病院が多いと感じます。しかし、昨今は病院数も多くなり、飼い主さんの価値観も多様化しているため独自性が必要になってきます。そこで、重要になるのはスタッフの個性に気付くことだと思います。スタッフにはそれぞれ個性があります。イラストがうまいスタッフや笑顔が良いスタッフなどです。これら、スタッフの個性を尊重し、伸ばすことができれば戦力になるのです。

3. 経営におけるスタッフの重要性

スタッフは、院長よりも飼い主さんと接する機会が多々あります。飼い主さんに対するインパクトは院長が与えるかもしれませんが、日々の来院においてのイメージはスタッフが与えていきます。また、院長と飼い主さんの意識や嗜好などに乖離が出てくれば、転院が起こることも多々あります。院長は一人ですので、個人の感性やスキルで対応することになります。そうするとおのずと限界がでてきます。個人レベルを超えることができなくなるのです。そのように考えると、集団であるスタッフの力がチーム力を生み病院全体の価値を高めていくということが分かると思います。

規模の大きな動物病院で飼い主さんから「スタッフは好きだけど、院長はあまり好きでない。診察は院長以外にしてもらいたい」という要望が出るときがあります。これは、院長という個人を超え病院がチームになっているというコメントです。このコメントがあることは、スタッフが成長しており、院長だけが診察している状態では定着しなかった飼い主さんが定着していることを意味しています。院長もひとりの人間ですからおのずと限界があります。スタッフが個性を伸ばし、かつ一体化することが、経営にはとても重要になるのです。

4. 院長の生産性の上限

従来の診療における生産性は、飼い主さんが動物病院に来院し、院長も含めたドクターが診察し収益をあげるというモデルでした。そして、動物病院の顔となる院長がもっとも診察数が多く、診察単価が高く、院長が軸になり収益をあげているという形式が多かったと思います。このスタイルは院長のスキルや院長の人柄に帰属します。院長がもともと持っている「生産性ポテンシャル」で病院全体の生産性が決まってしまうのです。今まではペットブームが続き、動物病院に通う動物たちが増加していたため、この「生産性ポテンシャル」以上に来院数や単価が高かったように思います。獣医学や経営の勉強をあまりしない院長でも、そこそこの生産性を確保することができました。

しかし、最近では、不景気の影響により、ペ

ットの飼育頭数も従来に比べて増加しにくい状態になっています。

そこで、二つ方向性があります。ひとつは、院長の「生産性ポテンシャル」を磨いていくこと、もう一方は院長以外のスタッフが「生産性ポテンシャル」を高めるということです。院長の「生産性ポテンシャル」を高めるためには、「知識」を収集し、「知恵」にレベルアップし、かつ、収益に結びつけるというアプローチを愚直に実行することが大切です。一方、院長以外のスタッフが「生産性ポテンシャル」を高めるということは、院長以外のスタッフの個性を伸ばし、知識などを「病院経営という仕組み」を使って収益化していくというアプローチになります。

例えばスタッフがドッグマッサージに興味があるなら、教材を購入して院長を含めてドッグマッサージを学びます。病院の飼い主さんにマッサージの重要性を啓蒙し、動物病院の経営活動の一環として有料教室を開催する可能性を追求します。有料教室が開催できたならば、受講生を一定数確保した後、スタッフ個人をブランディング（飼い主さんにとって価値ある存在）し、病院として訴求していくというようなアプローチです。

5. 獣医師の高学歴化と動物看護士・スタッフの役割

「動物病院の獣医師」人気がマスコミなどの影響で高くなっていたことは皆さんご存知だと思います。将来なりたい職業ということで獣医師が取り上げられることも多くなりました。このような人気から、獣医学科がある大学は偏差値が高くなり、入学がとても難しくなりました。また、入学した後も進級や卒業、国家試験なども大変になり、学生時代にアルバイトもできない学生も多数出てきました。

これはしかたないことですし、しっかり勉強することで知識が増えていくという喜ばしい事でもあります。しかし、一方ではアルバイトなど含めて「働く経験」をしていないため「世間ずれ」する可能性も高まっています。「世間ずれ」すると飼い主さんの気持ちが分からなくなります。どのようなことが一般消費者である「飼い主さん」に求められているのか？　今、どのようなことが「飼い主さん」を含めた女性に受け入れられているのか？　などが見えなくなってくるのです。

反対に動物看護士やスタッフは、アルバイトなどで働くことを経験している人が大勢います。動物看護士やスタッフの方は女性が多いため、女性の飼い主さんの気持ちが良く分かります。私自身、企画のデザインなどをスタッフの方に聞き、女性の感性を確認することも多々あるのです。また、世の中での流行に対しても敏感です。

最近は、ますます獣医師と動物看護士やスタッフの方との感性や意識の乖離を感じるケースが多くなってきています。動物看護士やスタッフは、世の中のトレンドと折り合いをつける上で重要な人材だということを、ぜひ意識したいものです。

経営コラム

SEO*対策

ホームページに誘導する仕掛けやホームページのトップページから先に進んでもらう仕掛けは重要である。ホームページに誘導する仕掛けは、やはり紙ベースとの連動になる。フリーペーパーなどからの誘導をどのように展開しているかが、ひとつのポイントになる。その他にも、SEO対策などがある。また、トップページからすぐに離れる直帰率というものもある。この率を下げることが、中を見てもらえることである。このような分析をしている動物病院は少ない。一度、このような切り口でホームページを分析してみてはどうだろうか？

> *【SEO (Search Engine Optimization)】
> WEBで検索順位を上げるための様々な試み。その様々な技術や手法を総称してSEOという。

インフォームドコンセントと再診数

再診が減っている動物病院の院長はどのように対策を練るだろうか？　先日、再診が少なくなったある動物病院で対策を行った。よく、再診数が下がるとマーケティング手法に走りがちになる。キャンペーンなどがその例である。もちろん、それも必要ではあるが、「飼い主さんが満足する対応とインフォームドコンセント」をこの院長は徹底して、勤務医の方にお話されていた。このアドバイスが本質である。私たちも、マーケティング手法をもちろん提供するが、本質が伴わないと良い結果は出ないと考えている。この病院は本質と手法が融合されていると感じた。院長の言葉と聴いていた勤務医の表情で、再診数減少は一過性のものになると確信した。

双方向のコミュニケーション

病院と飼い主さんの関係性を構築する上では双方向のコミュニケーションが重要である。しつけ教室などは昔からある双方向の企画である。このような、双方向のコミュニケーションをいかに構築するかが、これからの病院の発展を決めるかもしれない。

ホームページ上でのペット参加型ギャラリー、運動会、待合室での伝言板など難しく考えなければ多々出てくる。毎年2月22日は猫の日である。まずは、猫からでも双方向のコミュニケーションを構築できるものを考えてはいかがだろうか？

チャレンジ・素直・謙虚

2010年の1月、2月は動物病院の売上が二極化した。昨年対比を割っている病院もあるが、30％アップしている病院もある。セミナーでもお伝えしたが、伸びている病院の特徴や院長のスタンスには共通のポイントがある。例をあげると病院としては一定の初診数を確保していることや、院内スタッフが経営に参加しやすい環境を整備していることだ。院長のスタンスではチャレンジしていること、素直で謙虚なことなどだ。経営手法というテクニックももちろん必要だが、院内環境が業績を決めていると感じる。

第3章

社会人としての教育

Point！
1. 適正な利益は大切。社会性にかたよると仕事がボランティアになってしまう。
2. 常識となる尺度を「飼い主さんに不快感を与えない」ことに基軸を置いて考える。
3. 漢字が書けないことで個人を責める前に、時代背景も考え訓練する。

1. 就職後は給与を受け取る社会人

よく、「スタッフの学生気分が抜けない」「社会人としての自覚が足りない」などの相談を受けます。根本的なテーマですが、そもそも学生と社会人の違いは何でしょうか？ これは、「対価」を受け取るかどうかということだと考えます。「自分たちが与えることによって、対価である給与を受け取る」。これこそが学生と社会人の大きな違いです。「アマチュア」の場合は逆に費用を支払わなくてはいけませんが、対価を受け取る時点で「プロ」になります。このプロ意識を自覚してもらうことが社会人教育の第一歩です。「自分の行動に対して、お金をもらうことは適切なのか？」ということを意識できるようになれば、おのずと社会人になってきます。

経営体である動物病院は収益性、教育性、社会性が必要であり、この3つがないと続けていくことができません。明日より良いことを実施するためには、適正な利益が必要であること、社会性ばかりに目が行くとボランティアになってしまうことなどを、スタッフに根気よく話していくことが大切になります。多くの院長はこのような話をしていないケースが多々あります。ぜひ社会人としての根源的なスタンスを教えてあげてください。

2. 報告、連絡、相談 etc.

社会人の最も基本的なコミュニケーションスキルに報・連・相（ホウレンソウ）という言葉があります。これは、報告・連絡・相談という言葉の頭文字をとった造語です。多くの仕事は、一人ではなく、複数の人たちのつながりで成り立っています。コミュニケーションがしっかり取れているとチームワークが高まり、かつ、一体感が生まれます。また、トラブルを回避することもできるのです。

報告は上司に結果を伝えるということです。実施したことなどを正確に伝えることです。

連絡は、一人の人から一人の人に伝え、さらに次の人にも伝えていくコミュニケーションです。この報告と連絡は、このような特性から事実だけを伝えなくてはいけません。伝達者の意見や考えを入れてしまうと正確に情報が伝わら

なくなります。客観的事実だけを伝えるべきです。

そして、相談です。相談は、相手に対して意見を求める行為です。このときは、自分の意見や想いを入れ、話していくことも必要になります。また、質問によって意見を引き出すことも可能です。

「○○さんから、待合室が汚いと指摘がありました（報告）。他のスタッフも待合室の汚れに気付いていると言っていました（連絡）。もっと待合室をきれいにするため清掃業者を入れてみてはどうでしょうか？（相談）」

この文章には、ホウレンソウの三つが入っています。ホウレンソウをスピーディに行うことができれば、病院の一体化を実現することが可能になるのです。

3. 言葉遣いの教育方法

言葉遣いというのは、非常に重要です。年配の飼い主さんも来院される動物病院では、言葉に関して意識を高めなければいけません。そこで、スタッフを接遇研修などに参加させる動物病院も多くあります。これは、とても重要なことです。ただ、研修の内容を持続させることが難しいことも事実です。

実は、スタッフたちは電話応対時などの言葉遣いを自分で気付いていない場合が多々あります。まずは、「自分の言葉遣いや話し方」を認識することが重要になります。

最近では、ICレコーダーなどが安く販売されています。電話の横に置き、会話を録音し続け、それを皆で聞いて言葉遣いを教育している病院もあります。「実際に自分はこのような話し方をしている、正しい言葉遣いは先日研修で習ったこの言葉遣いだ」というように、気付きと知識がセットになる方が、当事者意識が芽生え記憶に残ります。そして、改善できるようになるのです。「教える」前に「気付かせる」ことができれば、スキルアップは早くなるのです。

4. 非常識と常識の間

常識というものが最近では崩れ出しています。旧来の常識では通用しない事柄が多々発生しているからです。最近では、社会がいろいろと激動の渦に巻き込まれています。従来の常識にとらわれすぎていれば、新しい時代に適応しづらくなっています。「最近の若いスタッフは非常識だ」という言葉も院長からよく聞きます。ただどのように変えて欲しいかということを明確に定義できない方も多いと思います。

一方、非常識だと思っていたものが、飼い主さんには喜ばれるケースもあることも事実です。ある動物病院では、スタッフが待合室で待っている飼い主さんに飴を配り始めました。院長の常識では、「待合室で飴をなめる」という行為は非常識に当たります。ですが飼い主さんからは喜ばれました。これを実行したスタッフにとっては「待っている飼い主さんも疲れているだろうから、飴で疲れを少しでも和らげる」ことは常識なのです。

常識となる尺度として、「飼い主さんに不快感を与えない」などと飼い主さん目線の基軸で考えていくことが重要なのかもしれません。自分自身だけの常識にこだわると新しいサービスなどは生まれにくくなっていくのです。

5. 携帯電話・パソコンの弊害

携帯電話やパソコンの普及率が目覚しいスピードで高まっています。最近では、スマートフ

ォンというパソコン並みの機能を持った携帯電話が普及するなど、IT関連の進歩はめまぐるしいものになっています。このようなIT機器を使いこなす若者は増えています。皆さんのスタッフの中でも多くのスタッフがIT機器を使いこなしているでしょう。情報収集が早くなり、幅広い情報を得ることができることはすばらしいことです。

しかし、ひとつ問題も出てきています。それは、漢字を書く能力が落ちたということです。携帯やパソコンでは「文字変換」という機能がついています。平仮名を入力すると変換ボタンで漢字に変わるという機能です。それに慣れてしまっていると手書きで文字を書くときに漢字が浮かんでこなくなり、漢字を書けないという問題が起こってきているのです。動物病院では、いろいろな書類に文字を筆記する機会が多々あります。そのときに、漢字が思い浮かばないということで、記入に時間がかかるケースが多々あるのです。

ある動物病院では、受付に辞書を置いて対応しています。また、定期的に漢字テストをしている動物病院もあるのです。

これは、個々人の問題というよりも、時代背景もあります。ぜひ個人を責める前に携帯やパソコンの弊害を解決する仕掛けを考えてもらいたいと思います。

本書付録1の「スタッフのための漢字チェックテスト」を活用して欲しいと思います。

＜問題＞

■ ゼンシとコウシをチリョウする
　　1　　　2　　　3
　　(1　　　) (2　　　) (3　　　)

■ キョウケンビョウのヨボウセッシュをするため
　　　4　　　　　　5
　　(4　　　　) (5　　　　)

＜回答＞
1. 前肢
2. 後肢
3. 治療
4. 狂犬病
5. 予防接種
6. 傷
7. 消毒

■ キズのショウドクをする
　　6　　　7
　　(6　　　) (7　　　)

【図】漢字テスト例。

経営コラム

ポイントは地域の特性の把握

いろいろな地域の動物病院の院長とお話しするが、地域性により課題が異なる。例えば、都心では病院数が多いため、独自性を追求することが急務な課題になるが、地方では診療圏内での認知度が低いため診療圏内に存在を知らしめることが重要になる。状況や地域によって、優先順位が異なる。

また、地域独自の広告媒体などの活用が効果的な場合もある。ある地方の動物病院では、電車の時刻表を記載した掲示用ポスターが最も反響率が高かった。自分たちの地域の特性を把握することが重要だ。

意識変革して将来に備える

毎年4月からは本格的にフィラリア予防時期に入る。多くの動物病院にとって一年間の売上に対する影響が大きな時期になる。これからのフィラリア時期は意識変革が必要になる。ペット販売件数の減少などから来院患者数が減る等の予想はある。相対的には多くの動物病院の売上は今より減少すると予想できる。

しかし、そのような現象をプラスにとらえ的確な対策を取れば、来院数は増える。来院する確率を高めるためにポイントカードを導入したり、この時期しか来院しない飼い主さんのために、検査メニューを充実させたり、将来のインフラのために携帯電話メールのアドレスの収集を強化したりできるのだ。

マイナス要因が多いときでも、それをチャンスと考え努力した病院は良い結果になるだろう。また、売上への影響が大きな時期だからこそ、周辺の病院と大きな差ができる。スタートは意識変革である。

チラシの効用

クライアントさんが情報発信媒体としてチラシを作っている。直接来院につなげるというより、ホームページのアクセスを高めることが目的である。今、消費者行動の理論にAISAS*というものがある。注意→興味→調査→行動→共有という流れである。重要なのは「調査」、つまりホームページで調べるという行為が、来院までのステップに入るようになっていることだ。特に不景気では失敗したくないという気持ちが強くなるため、この行為は顕著になる。そのため、ホームページにアクセスすることになる。もちろん、広告規制が緩和されチラシに掲載できる内容も増えたため、チラシ自体の訴求力も高まってきた。チラシからの直接来院もあると思う。しかし、チラシ→ネット検索→ホームページ内容確認→来院というステップが多いだろう。チラシを撒いてホームページへのアクセスが3倍になったところもある。いずれにせよ、初診の方に来院してもらうためにはチラシの活用が重要になっている。

---

*【AISAS（エーサス、アイサス）】
・Attention（注意）
・Interest（興味、関心）
・Search（調査、検索）
・Action（行動、購入）
・Share（共有、たとえば商品評価をネット上で共有し合う）

第4章

接遇力アップ

Point！
1. 動物たちだけをみて、飼い主さんをみないスタッフではいけない。
2. 信用は絆になり、絆は自院における財産となる。
3. マナーはスタッフ自身の人間的・個人的な財産にもなることを伝える。

1. 人と動物に触れ合う動物看護士・スタッフ

　動物看護士やスタッフは、動物に触れ合うだけでなく、飼い主さんにも接します。もともと動物が好きな方が多い職種です。「動物たちを助けたい」「動物たちと触れ合いたい」という気持ちが強く、やさしい気持を持ったスタッフが多いと思います。しかし、それが、逆に「動物たちだけをみて、飼い主さんをみない」という負の現象を起こすことになります。

　実際、判断を行うのは動物ではなく飼い主さんです。予防をする意思決定や治療を行う意思決定、病院に来院する時期など、すべて飼い主さんが判断するのです。ですから、当然ですが、飼い主さんをしっかりみてコミュニケーションを取れないと、病院経営にとってデメリットになってしまいます。この意識を持たなければいけないのです。入社後研修によって、このような意識を付けている病院もあります。あくまでも、接遇によって感情を左右するのは飼い主さんだということを意識させるのです。小さなことに感じるかもしれませんが、この意識を早めに持たせることで接遇力は驚くほど変わってきます。「動物が好きだからこその弊害」をぜひ早めに取り除いてあげてください。

2. スタッフの接遇力が病院を決める!!

　人は理屈でなく感情から行動します。これを情動といいます。動物病院に来院する多くの飼い主さんは、「行きたくない（否定感情）」→「行かなければ（脅迫感情）」→「行こう（肯定感情）」→「行きたい（自発的感情）」というように感情が変化します。来院頻度が多くなればなるほど、ファンになってくれる飼い主さんが多くなってきます。2回目までの来院は「義務感」があれば可能ですが、3回目程度は「肯定的な感情」、10回以上は「自発的感情」が必要となるのです。3回目の来院で安定し、10回目以上の来院で固定患者になるという法則もあります。この3回目というハードルは、最低でも「肯定的な感情」を持ってもらわないと超えることは難しくなります。

　そこで、最低限、負の感情を抱かれないという接遇力が必要になります。1回目に診察をし

て、2回目に検査結果を渡すところまでは多くの飼い主さんが来院しますが、否定感情や脅迫感情を持たれたままでは次の提案を受け入れることが難しくなるのです。さらに、10回目以上の来院は「好き」という感情や「信頼」というキーワードが必要になります。もちろん、来院頻度を高めるために、イベントや企画などを実施することもあります。ただし、それだけで飼い主さんを繋ぎ止めることは困難になります。

スタッフの接遇力や人間性の向上などによって、飼い主さんは「行きたい」という感情を抱くことになります。そして、来院するたびにダイレクトコミュニケーションが増え、信用がさらに「絆」になってきます。この「絆」が自院における財産となり、病院の経営基盤が固まってくるのです。人の成長と経営力の向上は比例します。病院経営にとって接遇力を含めた人間力の向上が重要な要素だということを忘れないでください。

3. マナーとルール

マナー研修という研修があります。多くの動物病院でもスタッフをマナー研修に参加させています。この研修はとても重要だと思います。しかし、この研修を受けた後、それが持続しないという相談を受けることが多々あります。それは、なぜでしょうか？

まず、ひとつは参加したスタッフがマナーの重要性をしっかりと認識していないからです。「社会常識だから」「ビジネスの世界では当然」という言葉でスタッフに納得させようとしている講師が多いことも原因ではないでしょうか？

動物病院のスタッフだけでなく、一般的にマナー研修を受ける方は社会常識を身に着けたいと思っているのでしょうか？ 実際は、「院長に行けと言われたから、マナー研修に来ている」という方が多いのではないでしょうか？

私は、「マナーを身に付けたほうが将来自分のスキルになって得になる」ということも説明に加えるようにしています。最低限のマナーを身に着ければ、どんな業種に就職しても嫌がられることは少ない、ということもお話します。さらに「接遇が経営に良い影響を与えるので、皆さんの存在価値も高まる」ということも話します。そうすることで、研修で習った内容が現場に浸透されやすくなります。さらに継続的に実施してもらうために、接遇研修で学んだことの感想を待合室に掲示するというルールを作ることもあります。自分が研修で何を学んだか？ 学んだ内容を飼い主さんにどのように提供したいか？ ということを飼い主さんが常に見ることができるようにするのです。そうすることで、飼い主さんとの約束が生まれスタッフの意識も高まります。

さらに、飼い主さんのために何をしたか？学んだことで、今日実行したことは何か？ ということを朝礼などで発表してもらったりします。常に現場でマナー意識を向上、持続させることができるのです。

4. メラビアンの法則は大切だけど？

話し手が聞き手に与える印象の大きさは、言語情報7％、視覚情報55％、聴覚情報38％であり、視覚情報である外見、表情、態度、ジェスチャーが重要である、というメラビアンの法則というものがあります。確かに、どんな良い言葉を話していたとしても、態度が横柄だったりすると印象が悪くなることも多々あるでしょう。ですから、外見を清潔にし、飼い主さんに不快感を与えないことが必要になります。最初に悪い

印象を与えてしまうと、良い印象に変えるためには多大な労力を必要とするからです。

ただ、「悪い印象を与えるレベル」というのは院長によって違います。ある院長から「ピアスは何個までだったら付けていいか？」という相談を受けたことがあります。私も答えに窮して、いろいろな院長に話を聞きました。ある院長は「ピアスを付けるなんてもってのほかである」とおっしゃられましたし、「10個までなら」という院長もいました。「チェーンタイプでなければいい」という院長もいらっしゃいました。

このように様々な意見があり、正解はないのだと思いました。基準は院長によって違います。常識という基準が人それぞれなのです。画一的な雰囲気の動物病院よりも、明るい自由な雰囲気の動物病院を作りたいという院長もいますし、人間の総合病院のような病院を作りたいという院長もいらっしゃいます。院長のコンセプトがスタッフの外見の基準も決めているような気がします。この基準は院長の基準でもいいと私は感じています。研修などで教えられた外見に対する基準を、もう一度院長もチェックし、自分たちのコンセプトにあった基準に修正することも必要であると感じます。

5. 表情が与える印象

「外見は一番外側の中身である」という言葉があります。中身と外見を分けることはナンセンスではないか？　という考え方です。確かに、幸せだったり楽しかったりすると明るい表情になったり、つらいときはしんどい表情になったりします。この表情というものは、飼い主さんからすると言葉以上の効果を発揮するのも事実です。不安なときに、明るい表情で励まされ気持ちが落ち着くということなどは、飼い主さんにとって薬以上の価値を持つでしょう。「笑うときは、歯を見せる」という接遇でのルールなどもあります。気持ちを顔で表現するということが表情になります。

ですから、根本的には気持ちの部分までケアできればスタッフの表情を良くすることができるのです。スタッフの悩みは何か？　今、楽しんで仕事をしているのか？　プライベートの問題はないか？　など掘り下げてコミュニケーションが取れるようになれば、表情に影響を与えるきっかけになるでしょう。

根本的に表情を豊かにしていくことは、とても重要なことです。動物病院で、飼い主さんは動物たちを元気にしてもらいたいという顕在化しているニーズとともに、飼い主さん自身も安心したいという隠れたニーズも持っています。その意味では、スタッフの表情はとても重要な要素になるのです。

経営における重要な要素と考えて、スタッフの表情に気を付けることも院長の重要な仕事なのです。

経営コラム

スタッフの教育が収益につながる

　スタッフ教育の本（本書）を書こうと思ったのは、スタッフの生産性向上と一体化が動物病院の業績に大きな影響を与える時代だからだ。不景気でも業績の良い動物病院は、やはり病院が一丸となっている。そして生産性が高い。生産性が高くなる要因は、スタッフが収益につながる行動をしていることだ。短期的な行動としては、キャンペーンを積極的に飼い主さんにお勧めするなど、長期的な行動としては高齢犬セミナーなどの企画、運営を行っていることが挙げられる。いずれにせよ、獣医師の補佐という位置付けだけでは、病院全体の生産性は上がらない。スタッフの生産性を上げる行動に導くということも、経営者としての院長の仕事にしたい。

自分自身の声を録音して聞いてみる

　ポスターやDMだけでは飼い主さんが動かない。もちろん、相当にレベルが高い診療技術やブランド力のある病院は別であるが、多くの病院では反応が鈍くなっている。そこで、重要になるのは提案力である。複数のドクターがいるときは勤務医さんの提案力やインフォームドコンセント力が重要になる。これらを高めるためにどうすればいいか？

　一番の近道は自分の説明しているトークを聞くことである。最近はボイスレコーダーが安価で購入できる。うまい人の説明を真似るということもあるが、勤務医さんも診察に入るケースが多いため、院長の説明を聞く機会が少なくなっている。まずは、自分自身の説明を聞き、「気付き」を持つことをおすすめする。

接遇力をあげるステップ

　医院経営においてスタッフの接遇力は不可欠である。スタッフの力は、スキルだけでなく姿勢とマインドも含まれる。まずは、この力を院長自身が把握することが接遇力アップのスタートになる。スタッフ力を把握し、正確にフィードバックする。そして、それ以上の力を付けるように指導する。これが、接遇力を向上させるステップである。

熱中症に絡めた訴求

　2010年の夏は猛暑が続いた。この影響で人間の熱中症の注意が呼びかけられた。朝の主婦層が見るようなテレビでも熱中症の話が出ていた。このようにテレビで、人と同じようにペットの熱中症の注意も頻度高く報道されていたのはご存じだろうか？

　特にアスファルト近くの温度は高くなるため、ペットの熱中症には充分な注意が必要であるという内容であった。飼い主さんの中には、テレビを見て意識が高まっている人も多かっただろう。これは、動物病院にとってもチャンスである。循環器の検査などの訴求は、受け入れられやすい。熱中症に絡めた訴求は今年も重要だろう。

第5章

ホスピタリティの落とし込み

Point!
1. ホスピタリティにはレベルがあり、レベルの把握からスタートする。
2. 動物看護士の仕事は感情労働。肉体労働、頭脳労働とは異なる。
3. 義務感だけで飼い主さんに接しているスタッフには、「心の問題」がある。

1. 想像力の欠如からの脱却

最近の子供たちは、活字離れが著しいといわれます。文字を読む機会が減り、漫画やゲームなどを好むようになったとうこともあります。実は、この活字離れの影響で想像力が乏しくなってきているといわれているのです。文字情報から、場面や心理をイメージするという作業が減少しているからです。想像力は、余裕と連動します。以前はゆっくりとリラックスし、想像力を高めるということもあったと思います。しかし、多くの情報があふれ、気ぜわしい状態の中では、想像するよりも先に、具体的な指示や情報が手に入り、想像するまでもなく問題解決ができている、という状況でもあったのでしょう。

これは本人の責任だけではなく、学校教育や社会の仕組みから発生していることかもしれません。このような状態で入社したスタッフたちは、相手の気持ちなどを想像することが苦手になります。「なぜ、あの人はあのようなことを言ったのだろう？」「なぜ、あの飼い主さんは怒ったのだろう？」というような疑問を持っているスタッフも多数いるかもしれないのです。後述するモデルケースでの教育は想像力の欠如から必要なのです。

2. 動物病院のホスピタリティはおもてなし？

ホスピタリティというと「おもてなし」と日本語で訳されるケースが多々あります。多くの院長からも「うちのスタッフはホスピタリティがなくて困っている」「おもてなしの精神を持って欲しい」という話を聞くケースがあります。では、おもてなしとはどういうことなのでしょうか？

おもてなしというと
1. 相手の立場に立って相手の感覚を尊重し、相手の経験を豊かにするように応える
2. 心に余裕を持ち、焦りを相手に悟られることのないようにする
3. 相手の不快さや災難を抑え、一期一会を楽しめるように配慮する
4. そうしたことによって、相手によりよい体験をもたらす

といった定義があります。

その「おもてなし」に付随する言葉で「しつらえ」という言葉があります。

1. 的確に確実に、もてなすための準備を整える
2. 本質を的確に表現しつつ、本質を端的な形で伝達する
3. 心地よい演出を加えて相手に快適な気分を味わってもらう
4. そうしたことによって、相手によりよい体験をもたらす

というものです。

しっかりと準備して、相手に楽しみや良い体験を提供することで、これはそもそも茶道の教えです。とても大切な教訓ではあります。しかし、動物病院には8割適していますが、2割は付加、修正しなければいけない部分があります。動物病院は楽しみだけでは成り立たない業種です。ときには飼い主さんには耳障りかもしれないアドバイスをして、動物たちを守ることもあるからです。

共通する部分は

- 相手の立場に立って相手の感覚を尊重し、相手の経験を豊かにするように応える
- 心に余裕を持ち、焦りを相手に悟られることのないようにする
- 本質を的確に表現しつつ、本質を端的な形で伝達する
- 相手に快適な気分を味わってもらう(これは、納得してもらうということになるのかもしれません)

というような部分だと思います。ぜひホスピタリティをスタッフに教えるときは、動物病院や自院として噛み砕いたレベルで伝えてあげてください。

3. 自分たちのホスピタリティレベルを知ろう

それぞれのスタッフは、個人が考えるレベルで飼い主さんの対応をしています。人数が複数である場合、あらかじめ標準的な対応を決めていない場合は、個人別に違った思いで対応をしているケースが多いでしょう。Aさんは重いフードを持っている飼い主さんがいれば駐車場まで運んであげ、また、忙しければドアだけは開けてあげるというレベルかもしれません。Bさんはお大事に、という声をかけるレベルなのかもしれません。

このホスピタリティレベルは、教えない限りスタッフの「育ち」や「教育」と連動します。

まずこの現実のレベルを知ることが重要です。院長自身、またはリーダーや奥様がスタッフの行動で良いと思った出来事や悪いと思った出来事を、ノートに記載することをお勧めします。良いと思ったことは、院長自身のレベル以上のことを実行した場合でしょうし、逆はレベル以下のことをしたケースだと思います。そこで、院内での一番良いレベルを知ると指示や教育も実施しやすくなります。「〇〇さんがやっているように」という具体的な指示やアドバイスになるからです。

いろいろな研修や書籍では、理想的なことを教えられます。もちろん、それも大切なのですが自院のレベルとかけ離れすぎていると、本などに書かれた理想に到達するまでに時間もかかり、スタッフも人ごとのように思ってしまいます。ぜひホスピタリティレベルの具体的な把握からスタートしてください。

4. 動物看護士の仕事は感情労働

労働には、「肉体労働」「頭脳労働」という言

葉があります。よく言われるブルーカラー、ホワイトカラーという労働区分です。しかし、人医療の看護師を含めて動物看護士の仕事は感情労働という分類に位置づけられます。以下は感情労働の解説です。

「従来、肉体労働、頭脳労働という単純な二項分類において、感情労働は頭脳労働の一種としてカテゴライズされてきた。しかし一般的な頭脳労働に比べ、人の感情に労働の負荷が大きく作用し、労働が終了した後も達成感や充足感などが得られず、ほぼ連日、精神的な負担・重圧・ストレスを負わなければならないという点に感情労働の特徴がある。

感情労働に従事する人は、たとえ相手の一方的な誤解や失念、無知、無礼、怒りや気分、腹いせや悪意、嫌がらせによる理不尽かつ非常識、非礼な要求・主張であっても、自分の感情を押し殺し、決して表には出さず、常に礼儀正しく明朗快活にふるまい、相手の言い分をじっくり聴き、的確な対応・処理・サービスを提供し、相手に対策を助言しなければならない。

ゆえに、企業や労働者にとって事前に作業量の予測や計画を立てるのがはなはだしく困難であり、作業習熟による労働効率の向上があまり期待できない点において、従前の肉体労働、頭脳労働と決定的に異なる。」（以上はウィキペディアより引用※）

このような労働形態である動物看護士の仕事に対して、トップダウンでホスピタリティの重要性を説くだけでは、あまり効果が期待できません。実際はスタッフ自身が「私もホスピタリティを受けたい」と感じているケースが多いからです。

5. モチベーションがホスピタリティを決める

そこで、ホスピタリティを高める上で重要になってくるのはスタッフの状況を理解してねぎらうということです。感情労働である動物看護士の仕事は、ホスピタリティのレベルもモチベーションや感情で左右されるケースが多々あります。モチベーションを高めるという永遠の課題がありますが、まずは、スタッフも感情をストレートに出せずに大変だということや、ストレスがかかる職業だということをねぎらってあげることでスタッフは「救われた」気持ちになります。まずは、この気持ちが重要なのです。

「院長は分かってくれている」という肯定的な感情があれば、アドバイスを受け入れやすくなります。そこから、後述するモチベーションを高める仕掛けを実施していくのです。（もちろん、「単なるわがまま」を主張するスタッフもいます。そのときは、叱ることが重要です）。

少しずつモチベーションを上げて、飼い主さんにホスピタリティあふれる行動をできるように仕掛けていくことが、今の時代は大切だと考えます。注意しなければならないのですが、モチベーションが低そうに見えますが、飼い主さんに対してのホスピタリティが高いスタッフもいます。

またスタッフの中には、自分を押さえつけて義務感などで飼い主さんに接しているケースが多々あります。そのようなスタッフのフォローをしっかりしないと心の病気になるケースが多々あります。実際、コンサルテーションの現場でも「心の病気」は多発し出しています。ぜひスタッフに対しての目配りを意識してください。

※「感情労働」『フリー百科事典ウィキペデイア日本語版』（http://ja.wikipedia.org/）。2010年12月16日14時（日本時間）現在での最新版を取得。

経営コラム

理屈や要因から伝える

スタッフに向けて話をする機会がある。いわゆる接遇やマナーではなく、収益構造から、自分の給料に対して何倍の収益を上げないといけないのか？ なぜ時間の概念が大切なのか？ という話をする。全員ではないが、2～3割位のスタッフは理屈と連動すれば納得してくれるようになる。また、自発的な行動にもなってくる。

やはり、スタッフに納得してもらえるかどうかが重要になると感じる。院長がスタッフに伝える時にも、そもそもの理屈や要因から伝えることが必要である。

ある動物病院では院長が業績悪化に戦々恐々としている一方で、スタッフが一定数の飼い主さんが来院することから「うちの動物病院は不況知らず」と言っていた。この認識の違いを埋めることからしか、納得感は高められない。

スタッフが生産性を高める

最近「動物病院チームマネジメント術」(本書) の執筆が続いている。これは、チーム力を高めるためのノウハウをまとめた内容になる。優秀なスタッフに取材などもしていく。現場でもスタッフ研修をしている。私が行う研修はマナー研修でなく、スタッフが生産性を高めることに視点を置いている。今、ドクターだけが生産性を高める従来の経営スタイルでは限界が来ている。短期、長期と結果が出るスピードは違うが、スタッフが主体になることで生産性を高めることができるように仕掛けを考えなければならない。マッサージの勉強や食育の勉強などを始めたスタッフも出てきた。病院全体が知識を蓄え、かつ、動物たちに関わるニュースを全員でキャッチアップする。今後、支持される動物病院は病院全体の力がポイントになる。

季節性も一つの切り口である

クライアントさんのスタッフミーティングでいろいろな意見が出るようになった。昨日も待合室作りやキャンペーンなどいろいろな企画や意見が20程度出てきた。この意見を効果的に実現していくためには、意見を整理する必要がある。短期で結果が出やすいもの、結果が出るのが遅いが大切なもの、採算は関係なく飼い主さんにとって大切なもの、などの切り口で整理する。そして、バランスと時期を考え選択していく。季節性も一つの切り口である。

かかり付けとして認められる

気温の変化に伴い、顧問先の動物病院では手術が増えだしている。手術が増え出している病院は、特に最新機器が揃っている動物病院だけではない。飼い主さんに対しての情報発信をきちんと実施し、飼い主さんとの関係性が強い動物病院も手術が増加している。技術や機器以上に、信頼関係からかかり付けとして認められているように感じる。入院、検査、手術という要素は動物病院経営において重要な要素となる。技術ももちろん大切だが、飼い主さんとの信頼関係はさらに大切だと感じる。

第6章

経営スタッフとしての動物看護士・スタッフの役割

Point！
1. リーダーをフォローし助ける役割をフォロワーという。
2. 院長がコントロールできる最大人数は5人まで。
3. イベント・ポスターなど広報的な仕事はスタッフが得意である。

1. リーダーとフォロワー

　組織の中には、全員を引っ張り導いていくリーダーと、リーダーをフォローし、助けていくフォロワーの二種類の役割しかありません。実は、純粋なリーダーはトップである院長しかいないのです。獣医師リーダーや動物看護士リーダーなど呼称はありますが、このリーダーも院長をフォローする役割を担っています。

　このようなリーダーは、一般のメンバーである獣医師や動物看護士、スタッフなどを導くと同時に、院長である純粋なリーダーをフォローする役割があります。リーダーシップという言葉はよく聞きますが、実はフォロワーシップという概念も重要になるのです。フォロワーシップとは、リーダーが目指すことを理解し、その実現のためにリーダーを補佐し、リーダーシップの遂行を助ける技術や能力を意味します。どんなに素晴らしいリーダーシップが存在しても、最終的にそれを受ける人（部下）がそれを吸収できなければ、リーダーシップが発揮されることは難しくなります。つまり、受け手側の意識によってリーダーシップの影響力には大きな差が生じるのです。

　多くの日本人は、責任はすべてリーダーにあると考えます。これは、責任転嫁であるケースが多々あります。「院長が教えてくれなかったから、自分はできない」「年長の動物看護士の保定がうまくないから、私もうまくできない」などです。こういったことをなくすためには、まずリーダーの問題を自分の問題として認識してもらうことです。フォロワーという役割があることをきっちりと説明し、責任転嫁する癖を少しずつでもなくしていくことが大切になります。

　フォロワーには以下の4つの類型があります。実は、従順すぎるフォロワーは危険なのです。院長がしっかりと自分の意見を発言でき、かつ、病院全体に良い影響を与えることができるフォロワーが、良いフォロワーなのです。

　次頁にフォロワーシップの類型がわかるテストを記載します。ぜひスタッフの方のフォロワーシップ類型を把握してください。

＜フォロワーチェックリスト＞
（回答方法）

次の0～6のレベルを目安に各質問について自分があてはまると思う点数を記入してください。

0　　　1　　　2　　　3　　　4　　　5　　　6
めったにない　　　　　　　　ときどき　　　　　　　　ほとんどいつも

質問① ☐点

あなたの仕事は、あなたにとって大切な、何らかの社会的目的や個人的な夢を叶える助けになっていますか？

質問② ☐点

あなた個人の目標は、組織の最も重要な目標と同一線上にありますか？

質問③ ☐点

仕事、組織に心底のめりこんで精力的に働き、最高のアイデアや成果をもたらそうと努力していますか？

質問④ ☐点

あなたの熱意は広がり、他の社員をも元気づけていますか？

質問⑤ ☐点

リーダーの命令を待ち言われたことだけするのではなく、あなたなりに組織の最も重要な目標を達成するためには、何が一番重要な組織活動かを判断していますか？

質問⑥ ☐点

リーダーや組織にとってより価値のある人になるために、重要な活動の場において際立った能力を積極的に発揮していますか？

質問⑦ ☐点

新しい仕事や課題を始めるにあたり、リーダーにとって重要な手柄をいち早く立てていますか？

質問⑧ ☐点

あなたが締め切りまでに最高の仕事をこなし、必要となれば穴を埋めてくれることを承知したうえで、リーダーはほとんど一任する形であなたに難しい仕事を割り当てていますか？

質問⑨ ☐点

自分の業務範囲を超える仕事に対しても貪欲で、積極的に成功させるためにイニシアティブを取っていますか？

質問⑩ ☐点

グループ・プロジェクトのリーダーでなくとも、

ときには分担以上のことをして、最善の貢献をしていますか？

質問⑪ □点

リーダーや組織の目的に大いに貢献する新しいアイデアを自主的に考え出し、積極的に打ち出そうとしていますか？

質問⑫ □点

（技術面でも組織面でも）難しい問題をリーダーが解決してくれるのを当てにせず、自分で解決する努力をしていますか？

質問⑬ □点

自分が全く認められなくても、自分以外の社員をよく見せるための手助けをしていますか？

質問⑭ □点

必要となればあまのじゃく的な評論家になるのもいとわず、アイデアやプランが持っている上向きの可能性、下向きのリスクの両方をリーダーやグループ員が考えるのを助けていますか？

質問⑮ □点

リーダーの要求、目的、制約を理解し、それに見合うように一生懸命働いていますか？

質問⑯ □点

自分の評価をはぐらかさず、長所も短所も積極的かつ正直に認めていますか？

質問⑰ □点

言われたことをするだけでなく、リーダーの知識、判断を心の中で問い直す習慣がありますか？

質問⑱ □点

リーダーから専門分野や個人的興味とは正反対のことを頼まれたら、「はい」ではなく自分の状況をきちんと話すことができますか？

質問⑲ □点

リーダーと意見が一致しない時、TPOに合わせて公の討論の場で意見を述べるのは避け、個人的に話をしていますか？

質問⑳ □点

たとえグループ内で衝突し、リーダーから仕返しされることになっても、大切な問題については自分の意見を主張していますか？

<質問A>	
①	
⑤	
⑪	
⑫	
⑭	
⑯	
⑰	
⑱	
⑲	
⑳	
合計	

<質問B>	
②	
③	
④	
⑥	
⑦	
⑧	
⑨	
⑩	
⑬	
⑮	
合計	

質問Aと質問Bに上記20の質問の点数を振り分けてください。

A、Bに入る点数は質問番号によって異なるので注意してください。A、Bそれぞれの質問の合計点数を以下の4区分に配置すれば、それぞれのスタッフのポジションが把握できます。横軸に質問Aの合計点数、縦軸に質問Bの合計点数を記載し、交差する位置がその人のポジションになります。

（例）藤原さん
質問A合計15点、質問Bの合計点数60点なら、以下の位置になります。

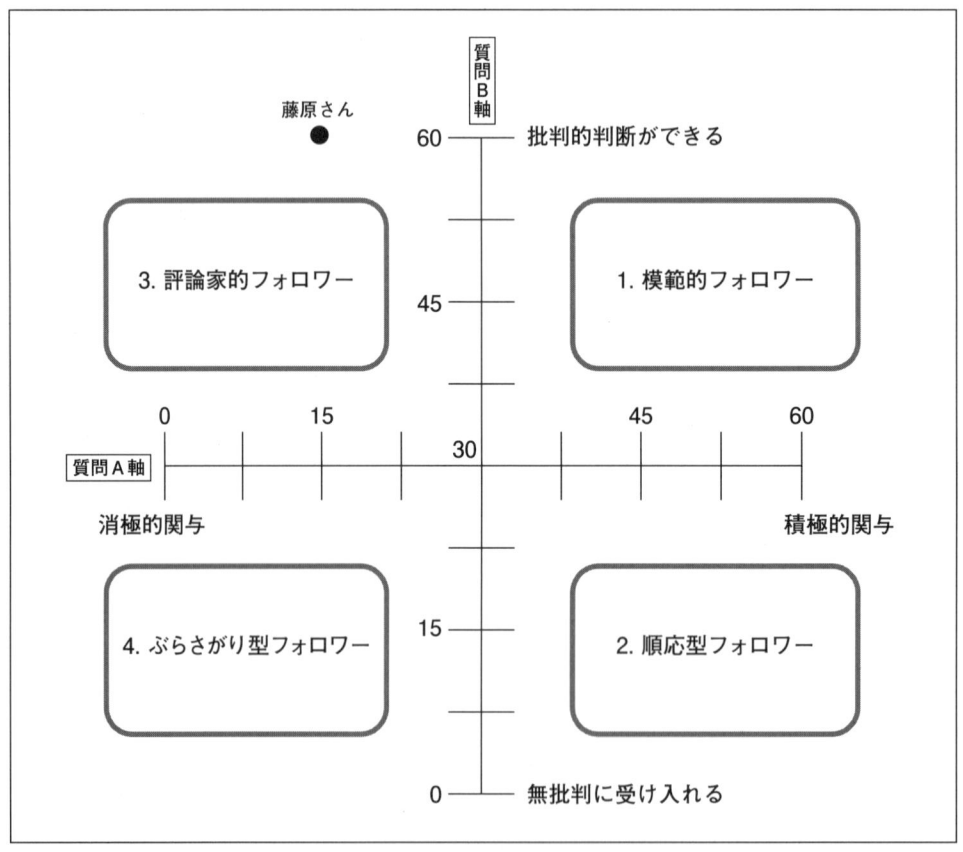

※フォロワー類型
1. 模範的フォロワー
   単にリーダーに追従するのではなく、批判的思考と貢献の高い次元でバランスのとれている人材
2. 順応型フォロワー
   積極的に貢献してくれるが、盲目的な追従者になる危険性もある人材
3. 評論家的フォロワー
   批判のための批判に始終するアウトサイダー
4. ぶらさがり型フォロワー
   妥協と諦めの服従者

2. 技術・サービス力の向上だけではない動物看護士・スタッフの役割

　動物看護士としての技術や知識の向上はもちろん重要です。また、飼い主さんに支持されるような病院を作るためには、ホスピタリティあふれる対応が不可欠でしょう。動物病院としての役割である病院全体の臨床能力の向上や飼い主さんの心を癒すという大命題を達成していくことが大切だからです。現実的には技術も高く、ホスピタリティも高い動物看護士やスタッフはごく少数ですから、臨床に関する能力を向上させるための指導は重要です。

　しかし、一方で病院全体の収益への貢献というものもあります。今後は診察補助業務の能力向上やホスピタリティだけでは、収益が増加していくとは考えにくくなっています。

　では、診療補助業務の能力が秀でていない動物看護士やスタッフは、動物病院にとって役に立たない人たちなのでしょうか？

　実は、この不景気では収益に貢献できるような動物看護士、スタッフを育成し、一人当たりの生産性（従業員一人当たりの利益）を高めていくことが重要になっていきます。このような生産性向上の役割も持っていると認識することで、スタッフに求める業務やスキルも変わってきます。

3. 院長は一人、動物看護士・スタッフは複数

　多くの院長はすべての業務を自分で処理しようとされます。任せていても、やはり自分が気に入らないことをして欲しくないという思いがあるのでしょうか、ちょっとしたことにもスタッフに権限を与えようとしない方が見受けられます。私は、年商2,500万円〜5億円までの幅広いクライアントさんの院長と接していますが、規模が小さい動物病院ほどこの傾向は強く表れます。目が届くというメリットがデメリットになっているのかもしれません。

　しかし、規模が小さくてもチームです。「3人以上集まると組織になる」という経営での言葉があります。3人になると院長よりも動物看護士、スタッフの方が多いのです。チームとして機能させるには、院長以外の動物看護士・スタッフの能力を大切に考えていく必要があります。

　院長もさらに成長し、周りの動物看護士・スタッフが成長していくとチームが相乗効果で成長していきます。はじめ3人でも、成長すると人数が増えていきます。そして、次に7人という縛りがでてきます。これは、「一人の人間は7人以上管理できない」という組織論での人数です。

　しかし、ドクターであり、リーダーである動物病院の院長は忙しく、5人程度しか管理できないと個人的には考えています。動物病院で考えた場合、私は5人までが院長がコントロールできる最大人数でないかと思います。この5人から、自分の補佐をしてくれるリーダーが出現してくれれば、さらに動物看護士・スタッフが一体化するような組織が作られていくのです。そうすると、多くの人材が多くの知恵やスキルを持つようになり、スタッフが大きな推進力として機能していくのです。院長一人ではできなかった診療や手術ができるようになったり、到底院長一人では思い浮かばなかったアイデアが出てきたりするのです。

　どのくらいの病院規模にするかは院長の判断ですが、「院長よりもスタッフのほうが多い」という意味をしっかりと把握することで、病院全体の推進力を高める活動は始まるのです。

4. 女性の一般的特性と感性を活かそう

　女性と男性では、脳の構造が違うという学説があります。
　一般的に男性は、
　　①体系的・論理的
　　②1つのことを集中的に考える
　　③機械や乗り物の運転を好む
　　④風景画や抽象画を好む
　　⑤空間認知が得意
と言われます。
　それに対して女性は、
　　①共感的・感情的
　　②同時に複数のことを考えられる
　　③人とのコミュニケーションを好む
　　④動物・人物画を好む
　　⑤言語認知が得意
と言われます。
　すべての男女にこのような傾向があるとはいえませんが、往々にして上記に当てはまる場面を思い浮かべることができるかと思います。
　したがって、女性がイキイキと働いてくれるためには、まず共感してもらうように感情に訴えかける必要があります。そして、コミュニケーションの頻度を高めていくことが重要になるのです。このようなアプローチを通して女性スタッフの信頼を得ていくと、女性スタッフが得意とする業務を実施してくれやすくなります。
　これまでのコンサルティングの経験で、デザインやキャッチフレーズを作ることが得意な女性の動物看護士・スタッフが多いことに気付きました。動物のイラストなどは、動物が好きな女性スタッフにとっては描き慣れたものでしょう。あるクライアントさんでは、スタッフが描いたイラストをチラシやダイレクトメールにちりばめています。パソコンなどで作ったものと違い、温かみのあるやさしいタッチのイラストです。このイラストにキャッチフレーズを入れたものを、いくつかの媒体に掲載することで、病院全体の雰囲気を作ることもできますし、イラストを描いたスタッフのモチベーションも上がりやすくなります。イラストの下に「動物看護士の〇〇が書いたイラストです」というように作者を公表している例もあるのです。さらにあるクライアントさんは、小学生の娘さんに書いてもらったイラストをロゴに使用しているケースもあります。

　このように、感性に訴えかけるような業務を女性は得意としています。そこに、論理的な思考を男性が加えていくようなアプローチを取っていきます。ダイレクトメールを読む目の動きはZ軸を描くという論理から、Z軸上に重要な情報を配置したり、飼い主さんに訴えかけるようにコメントを変化させていくような修正や追加をかけていきます。女性の感性を活かして、ロジックなどを追加・修正していくというアプローチが、女性の動物看護士・スタッフの特性を活かし、さらに動物病院経営に良い影響を与えるということになってくるのです。

5. 企画やイベント、ポスターetc.は動物看護士・スタッフが主役

　これからの動物病院経営において、企画やイベントなど獣医療に付随するサービスは重要になってくると予測できます。一般的な動物病院に来院するニーズは予防や治療です。しかし、動物の頭数自体が減少していく可能性が高い時代になってきました。また飼い主さんの意識の中の通院動機で高いものは、もちろん治療です。残念ながら、狂犬病の予防接種率が50％前後という意識しかない日本では、予防だけで通院に

対する意識を高めることは難しいでしょう。

もちろん、カルテの数が多く、患者数が多すぎるため来院回数や定着率などが増えて困るという病院は、サービス力を高める必要はないと感じられるかもしれません。しかし、多くの病院は、定着率を高めて来院頻度を多くしてもらい、さらに診療単価を高めたいと考えています。そのためには、企画・イベントなども必要になりますし、インフォームドコンセント力を高めるポスターやダイレクトメールなども重要になります。メーカーから提供されていたポスターも、薬事法の関係で掲示が難しくなっていることから、どんどん待合室が寂しくなっている動物病院も見受けられます。

顧問先の動物看護士やスタッフの方とお話すると、このような企画やイベント、ポスターなどを考え、制作する才能がある方が多いことに気付きます。先日もスタッフヒアリングをしている最中に、パートとして最近勤務した40代の女性と出会いました。この方は人医療の病院で働いていたときにドクターの学会発表資料をパワーポイントで作成していたそうです。作成した資料を見せていただいたのですが、とてもわかりやすく明快な体裁でセンスの良いものでした。しかし、院長は人医療の病院で勤務されていたということだけ把握していた程度だったので、彼女にこのような経験や能力があることに気付いていませんでした。

そのほかに、似顔絵が得意なスタッフやパソコンでDMを作成することに興味を持っている動物看護士、お祭りが好きでわんわんフェスティバルなどに興味を抱いている動物看護士など、特技を持っている動物看護士と出会いました。

このようなスタッフが主導し、楽しんで企画していると飼い主さんにも伝わります。また、満足感の高い企画になるケースも多々あります。動物看護士やスタッフが主役になる環境ができてくるのです。主役になったスタッフはイキイキしてきます。アイデアも、院長やドクターだけではすぐに考え付かないようなものも出てきます。

動物看護士やスタッフは企画、イベント、ポスター作成など、病院のブランドイメージ造り、広報的な働きでは、とても重要な役割を担っているのです。

経営コラム

わんちゃんとウェディング

今わんちゃんが同席できる結婚式が流行っている。ペットの家族化に伴うサービスである。どんどんペットにかかわるサービスが増えている。飼い主さんの意識が高まっている今、動物病院においてもしっかりした対応が不可欠になってきている。飼い主さんにとって、ペットは家族であることを意識して、診察しなければならない。

楽しむ

業績の良いクライアントさんは趣味を持たれている方が多い。楽しみながら本業もされている。これは、突き詰めすぎないからできることかもしれない。楽しみながら、仕事とプライベートを過ごすことで発想も良くなっていく。

経営コラム

忙しい時ほど本を読む

ファーストリテイリングの執行役員である堂前氏のインタビュー記事に「忙しい時こそ本を読む」という言葉があった。忙しい時こそ本を読まないと、後になってやらなくてもいい無駄なことを、たくさんやることになるという。含蓄のある言葉だと感じた。

過去の実績と未来への投資

ある動物病院では、分院を移転するかどうか迷っている。院長は努力する方で経営もがんばっている。しかし、マーケットの規模やポテンシャルから考えると、限界が見えて来ている。理論的には、別の場所に移転する方が良いが、今までの歴史と思い入れがある。スタッフのマインドが未来への投資に向けば成功する確率は高まる。しかし、時間が経つと環境はドンドン変化する。タイミングが重要である。

自信と過信

自信と過信の違いは、どれだけ自分自身を客観的に把握できるかだと思う。先日、ある院長とお話した。昔は等身大以上に自分自身を見ていた。いつのまにか過信で経営活動を行っていたという。結果、ドンドンと規模が縮小していった。それに気付いたので、謙虚に一からやり直したいという話であった。また、俳優の渡辺謙のインタビューでも、自身の演技を俯瞰し客観的に分析していた。そのためハリウッドでも自分自身のポジションを確立できたのだろう。客観的に自分自身を把握し、認めるには勇気がいる。ただ、過信が自信に変われば成長するスタートラインに立つことができる。勇気を持って自分自身を客観的に見ていきたい。

値ごろ感

郊外型衣料品店のシマムラの業績が良い。安さから業績好調であると思われがちだが、「従来と価格が同じならデザインや機能などの品質をより高め、品質が同程度なら安くする」という考えで展開している。品質やデザイン力を高めた結果、女子中高生の来店も増加しているという。値ごろ感を意識しないと、ただの安売りになってしまう。

失敗から学ぶ

ある動物病院のクライアントさんでは、携帯メール会員を増やし情報発信媒体として携帯メールを活用している。先日お伺いした時、企画の告知のメール開封率を調べてもらった。

すると、開封率が一割にも満たない。本文を意識するあまり、件名がわかりにくいものになっていたのが要因であった。情報発信することに意識が集中し、開封しやすくするというファーストステップを忘れていた結果である。このリカバリーのために、幾つかのパターンで考えた件名のメールを送り、開封率を調べていくことになった。今後、具体的に開封率を上げるノウハウが蓄積出来る。失敗から学べば、よりよいノウハウが蓄積出来る。

第7章

ゆとり教育世代の特徴

Point！
1. 「失敗したくない」という意識がとても強いのが、ゆとり教育世代である。
2. 「人に認められたい」という欲求も強いのが、ゆとり教育世代である。
3. 「人とつながっていたい」という気持ちも、ゆとり教育世代は強い。

1. ゆとり教育世代とは？

「最近の新人の嗜好や教育方法がわからない……」という院長やベテランスタッフが多くなってきました。私は本来、世代をひとくくりにすることを好みません。世代は同じでも姿勢が違う人も存在するからです。しかし、解説する際に傾向を知る上で「世代」というカテゴリーで表現したいと思います。

今の新人の世代は「ゆとり教育世代」といわれるカテゴリーです。この「世代」という言葉はいろいろな年代で言われる言葉です。昔は「いるか世代」「新人類」などという世代をあらわす言葉もありました。ゆとり教育世代の説明は拙著「動物病院経営実践マニュアル（チクサン出版社）」で解説しましたが、今一度再掲させていただきます。

■ゆとり世代教育のシステム

皆さんもご存知のとおり、教育のコンセプトがここ10年変化しています。それが、のびのびと子供を育てていくために、ゆとりを重視する「ゆとり教育」です。週休2日制に移行したり、教科書の内容をスリム化したり、さらに競争をなくしていくことなどです。運動会で皆が一緒にゴールする風景をごらんになった方もいらっしゃるでしょう。次ページの表1がゆとり教育の歴史です。

この世代の反省から2010年直近では、学習時間が増加し教育の見直しがされています。

2. ゆとり教育世代と他の世代との嗜好・思考・志向の違い

「全員が仲良く、競争しないで同じように」という嗜好が強い世代であり、詰め込み教育を否定されていることからワークライフバランス（仕事とプライベートのバランス）を重視する傾向が強い世代といえます。この嗜好は、それまでの世代と大きなギャップがあります。それまでの世代は、競争が大きな要素になっています。日本全体が成長するために、日本企業が切磋琢磨してきた高度成長期の世代が高齢の院長の世代でしょう。

それから、バブル経済になります。バブル経

【表】ゆとり教育の歴史（1972〜2007）。

1972年	日本教職員組合が、「ゆとり教育」とともに、「学校5日制」を提起した（2007年7月1日放送TBS「報道特集」にて 槙枝元文・元委員長発言）。
1977年 （昭和52年）	学習指導要領の全面改正（1980年度〔昭和55年度〕から実施）。 ・学習内容、授業時数の削減。 ・「ゆとりと充実を」「ゆとりと潤いを」がスローガン。 ・教科指導を行わない「ゆとりの時間」を開始。
1989年 （平成元年）	学習指導要領の全面改正（1992年度〔平成4年度〕から実施）。 ・学習内容、授業時数の削減。 ・小学校の第1学年・第2学年の理科、社会を廃止して、教科「生活」を新設。
1992年 （平成4年）	（平成4年）9月から第2土曜日が休業日に変更。1995年（平成7年）4月からはこれに加えて第4土曜日も休業日となった。
1996年 （平成8年）	文部省・中教審委員 ―「ゆとり」を重視した学習指導要領を導入。
1999年 （平成11年）	学習指導要領の全面改正（2002年度〔平成14年度〕から実施）……ゆとり教育の実質的な開始。 ・学習内容、授業時数の削減。 ・完全学校週5日制の実施。 ・「総合的な学習の時間」の新設。 ・「絶対評価」の導入。
2004年 （平成16年）	OECD生徒の学習到達度調査（PISA2003、TIMSS2003）の結果が発表され、日本の点数低下が問題となる。
2005年 （平成17年）	中山成彬文部科学大臣、学習指導要領の見直しを中央教育審議会に要請。 ・次年度より指導要領外の学習内容が「発展的内容」として教科書に戻る。
2007年 （平成19年）	安倍晋三首相のもと「教育再生」と称して、ゆとり教育の見直しが着手されはじめた。しかし日教組は「ゆとり教育を推進すべき」という考えを主張（2007年7月1日、TBS「JNN報道特集」）。

済という時代においても、学歴が重要になる世代であり、さらに少し後には団塊ジュニアという人口が多い世代が控えています。この団塊ジュニア世代は、人口が多いために大学に入学するために競い合うことになります。そこから、緩やかに競争が緩和されてきます。そして、教育システムが変化するゆとり教育世代が台頭してくることになるのです。

3. ゆとり教育世代は良い世代 !?

世間では、「ゆとり教育世代」という言葉はネガティブな意味をもつことが多いようです。先に述べたように、競争意識や上昇志向が低いといわれている世代でありますし、あまり推進力がない世代という特徴があるからです。

しかし、このゆとり教育世代にはスポーツ界などで柔軟な発想で世界で活躍しているスターが多数いることも事実です。ゴルフ界の石川遼選手やフィギュアスケートの浅田真央選手もゆとり教育世代なのです。彼らは、世界の第一線で輝かしい活躍をしています。従来と教育システムが変わったことで、従来とは違う概念を持つ可能性が高い世代といえるかもしれません。

多くのゆとり教育世代スタッフとお話する機会があります。感じていることや考えていることは、枠に縛られないユニークなことも多いと感じるときがあります。しかし、この世代のスタッフは「失敗したくない」という意識がとても強い世代だと感じます。そして、信頼・信用するまでに時間がかかるということも一つの傾向のようです。

ですから、コミュニケーションをしっかり取りながら「ミスをすることはあるかもしれないし、しかたがないよ。だけど同じミスを2回以上することは致命的だよ」というようにチャレンジを認め安心させるコメントをした上で、精度を高めるコメントを繰り返していくことが必要になります。そして、ミスをした時にはじめてのミスか2、3回以上のミスかを確認したうえで対応していくと、先ほどのコメントと行動の言動一致になります。言動一致であると信用力は高まってきます。そうすると、本来この世代が持っている長所を引き出していくことができます。

4.「最近の若いスタッフは……」という言葉

ジェネレーションギャップという言葉があります。世代間が広がると考えや慣習などが変わり、ギャップが広がり理解できなくなるという言葉です。

ここで、70歳のクライアントさんの女性院長のことを記載させてもらいます。この院長は、常にいろいろな新しいものを取り入れています。ホメオパシーなども10年以上前から勉強され、好奇心旺盛な方です。また、動物看護士養成の大学でも教鞭を取られ、多くのゆとり教育世代の方と触れ合われています。この院長とのお付き合いは10年くらい続いているのですが、10年間の中で「最近の若いスタッフは」という言葉を一度も耳にしたことがありません。もちろん、スタッフに対しての不満はあるのでしょうが、年齢を原因にしないのです。ここが重要になります。年齢＝嗜好・能力・スタンスというイメージを強く持たれている院長は、「最近の若いスタッフは……」というコメントになりがちなのです。

年数が経てば自然と能力が向上すると思うと教育がうまくいかないケースも出てきます。また、自分の若いころと無意識に比較しているケースもあります。

評価において、考課者（院長など）が陥りやすいミスに「対比誤差」というものがあります。これは、過去・現在の自分と非考課者（スタッフなど）を比較して評価してしまうという傾向なのです。

人の記憶はいいことは覚え、悪いことは忘れるという傾向があります。悪いことを忘れないと未来につながらないからです。「忘れるという能力は神が人に与えた最も優れた能力である」という言葉もあるくらいです。良いことが記憶に残る傾向なら、過去は美化されることになります。この美化された過去をイメージしすぎると、「最近の若いスタッフは……」という言葉につながっていきます。もし心当たりがある方は、一度過去をしっかりと想い出してみることも必要になるかもしれません。

5. ゆとり教育世代スタッフをエンジンにするか？ ブレーキにするか？

これから、どんどんと少子化が進み若い人口が減少してきます。また、動物看護士の専門学校に入学しても、動物病院に就職する専門学校卒業生は半分程度になってきています。このような状況では、若いスタッフが動物病院に就職

する確率はどんどん低下してくると予測できます。やはり、病院という経営体も生き物です。若いパワーがある方が活気は出てきます。現在、「ゆとり教育世代」の教育でお困りの院長もいらっしゃるでしょう。ただゆとり教育世代を理解すれば、病院が医療活動・経営活動を行う上で大きなエンジンになります。

ゆとり教育世代のスタッフは特に「人に認められたい」「人とつながっていたい」という欲求が強いように感じます。

クライアントさんのスタッフで、ある一定レベルに成長した人がコンサルテーションの場に同席するケースがあります。その場に参加することで、「認められた」という欲求を満たされ自信が出てくるケースもあります。「自分だけに言ってくれている」「自分だけが院長に相談されている」という状況をうまく演出するだけでもモチベーションが上がるかもしれません。もちろん、拙著で記載したような評価のシステムやモチベーションアップの仕組みなども有効です。また、病院全体のイベントやチームごとの企画など協力して行う企画も有効になります。これは、学園祭のノリ的な部分があるため一体化しやすいというメリットがあります。

特に女性は、理屈ではなく感情によって行動が変わってきます。一時期カード会社のCMで「ものより思い出」という言葉が盛んに放送されたことがありましたが、このCMで女性加入者が増加したことは有名な話です。「認める」「参加」「思い出づくり」がゆとり教育世代をエンジンにするキーワードになります。

経営コラム

壁を越える人

　病院経営には、いくつか壁がある。分かりやすい壁は規模だ。スタッフや患者数が増加していくと今までとは違った問題が出てくる。それを解決するのは、院長の自己変革だと思われる。自己変革し、既存の概念を壊すと、新しいものを創造できる。壁を越えるための自己変革を意識できるかが、重要なポイントではないだろうか。

失敗という糧

　ホンダの創業者、本田宗一郎は失敗したプロジェクトのうち「最も大胆で、巨額だったもの」に社長自ら社長賞を与えていた。また、世界的建築家の安藤忠雄は「敗北を繰り返しながら、なお闘い続けることが、自分の創造力の源泉だ」という。このように、失敗を糧にできるかどうかが、個人の推進力のためには重要になる。そして、失敗を恐れない組織風土になれば経営体は強くなる。

第8章

イキイキしながら、働くために必要なこと

Point！
1. 小さな成功体験の積み上げが大切である。
2. 「他人の存在価値」に気付き感じる環境を作る。
3. 結果のフィードバックを必ず行い、そのままにしない。

1.「楽」しい仕事と「楽」する仕事との違い

　モチベーションを高めるためには、「楽しい」とスタッフが思える環境づくりが必要だと思います。しかし、「楽しい」と「楽」を履き違えないようにすることが大切です。自分が主役になり、自分自身の存在が認められることによって「楽しい」という気持ちが出てきます。しかし、その過程では「楽しい」と感じない可能性もあります。企画などを発案し、それを実行する場合には、従来の業務に加えて、長時間働かなくてはいけないこともあります。途中挫折しそうになるのを、院長たちがフォローしていく場面もあるかもしれません。しかし、結果として達成感を得ることができれば、「楽しい」という気持ちになります。私は、このような「楽しさ」をお勧めしています。

　しかし、院長が「楽しい仕事」の解釈を誤ると、スタッフの仕事を院長が肩代わりしてあげたり、スタッフに遠慮してしまうというケースも発生します。これは仕事を楽にしているということです。このような「楽」に慣れてしまうと、スタッフはさらに「楽」を求め出します。そうすると、人数が足りないと感じるようになります。新たなスタッフを採用して固定費が高まると一人当たりの生産性が下がるという結果に陥ります。こうならないためには「楽しい」という感情をどのようにわき起こさせるかということが、イキイキ働く動物病院づくりでの命題です。忘れないでください。

2. 小さな成功体験の積み上げ

　自信を持ち、イキイキと働くためには小さな成功体験の積み重ねが不可欠です。人は成功を積み重ねないと、成功するという前向きなイメージを持ち続けることが難しくなります。自転車でも、最初に補助輪付の自転車が乗れるようになり、補助輪付の自転車に乗ったイメージの中で補助輪を外し、一般的な自転車に乗れるようになります。

　スタッフに対しても、少し努力すれば達成できるテーマを与え、小さな成功体験を積み上げさせてください。例えば、待合室のひとつのコーナーをスタッフが持ちまわりで担当するとい

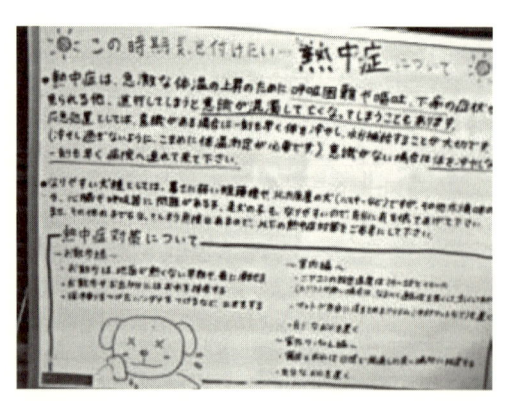

【図1】スタッフからのニュース発信。

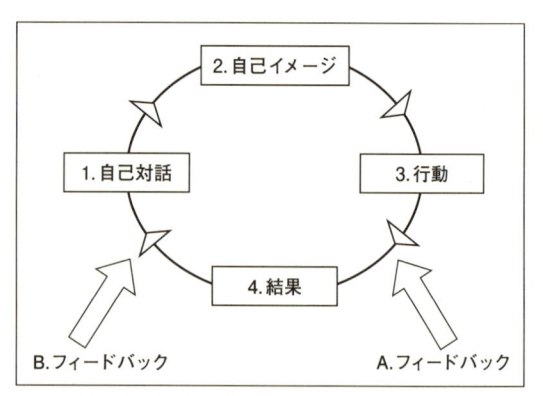

【図2】潜在意識からの行動サイクル。

うことから始めるケースもあります。

あるクライアントさんでは、待合室にホワイトボードを置いてスタッフからのニュース発信の場にしています（図1）。スタッフが興味のあることを調べて、そのホワイトボードに情報を掲載するのです。「今年は暑いので、熱中症などに気をつけてください。熱中症の予防方法は……」などのメッセージです。調べるところから始まり、ホワイトボードに分かりやすく楽しく書くというような流れです。院長が褒めてあげたり、待合室で待つ飼い主さんから、お褒めの言葉をいただいたりすることによって自信も付いてきます。そして、次のステップでは調べたことを深く掘り下げて飼い主さん向けのセミナーを開催する、という動機付けもできます。はじめから、大きな課題を与え成功する確率を下げると自信も失いますし、達成感を得ることができません。小さな成功体験を積み上げるように誘導してあげてください。

3. プラスのイメージを
   つけるための脳科学

言葉は「言霊」と表現されることもあります。口から発する言葉や頭の中の自己対話は、スタッフの自己イメージを相当左右します。人は考えることを含めると自己対話を一日に5万回行っているといわれています。この自己対話を楽観的にすることが、前向きな潜在意識を作るスタートになります。

実は、行動は潜在意識で行っています。ポジティブな潜在意識を持つことができるようになると、ポジティブに行動するようになります。そこで、重要になるのがよく言われる「褒める」という行為です。「褒められる」とそれが意識の中で刷り込まれ、「もっとできるのではないかな？」という認識に代わっていきます。脳の中に刷り込まれていくのです。

図2が、潜在意識からの行動サイクルです。行動と結果に対してのポジティブな感情を持つと、それがフィードバックされて前向きな潜在意識を作っていきます。

しかし、ひとつ注意しなくてはいけません。それは、スタッフによっては褒めすぎると助長し横柄になることがあるという事実です。「自分がいないとこの病院は運営できない」という度を超した自信は過信です。このような状態になり、病院の中で不協和音の要因になったときには、きっちりと戒めなければいけません。経営には「父の厳しさと母の優しさが必要」という言葉があります。バランスを取ることに注意

してください。

4. 自分の存在と他人の存在価値

　自分の存在を認めて欲しいというスタッフは多数います。存在を認めるということを示すためには、口頭や文章などでのフィードバックが有効です。「ありがとう。助かったよ」というねぎらいの言葉などをかけるという簡単な手法から、行動にポイントを付けて評価するというシステムもあります。しかし、本人の存在を認めるというだけでは、チームとして機能するために不十分です。さらに良いチームにするためには、「他人の存在価値」を認めるような意識が必要です。一緒に働いているスタッフの価値を認める機会を作ることが重要になるのです。

　例えば、外部の研修にAさんが行った後、院内でAさんを講師とした発表の場を作り、知識を他のスタッフにフィードバックするということは、多くの病院でされていると思います。病院にとってはノウハウの標準化になり、スタッフ全体に知識が行きわたるという側面もあります。これは違った視点から考えると、Aさんの価値を皆が感じる機会であるといえます。まとめ方がうまかったり、発表が上手かったりすると「Aさんってすごい」という感情が生まれやすくなります。しかし、このような観点がないため、Aさんが院内発表する内容や話し方を、院長が事前にチェックしてあげて発表に備える、というケースはあまり聞いたことがありません。

　また、お互いの価値を見る癖を付けるためにスタッフの長所を発表しあったり、投書したりするケースもあります。それぞれの得意分野が分かるように、個々のスタッフの特徴や長所を掲示するケースもあります（図3）。「灯台下暗し」

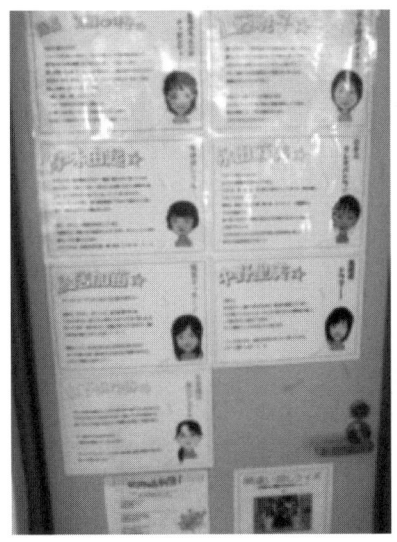

【図3】待合室にあるスタッフ紹介ポスターの一例。

という言葉がありますが、それぞれのスタッフの長所や特性は意外とわからないものです。ぜひ「他人の存在価値」を感じる環境を作ってください。

5. 目標は大切なのか？
　結果の開示が大切

　目標を持った方がいいということは今までの常識でした。しかし、高い目標を持ちすぎて、それが達成できないと自分を責め自信を失い、心の病気になるということも最近では多々見受けられます。もちろん、目標がないと成長できないという方もいらっしゃるでしょう。それも真実です。最近では目標を持たせる場合は、そのスタッフの目標として妥当かどうかというチェックを院長が行う必要があるように感じています。

　ある目標をスタッフが立てたが、到底1年では達成できないような目標なら、3年後の目標に修正し、1年目の目標を一緒に考えてあげるということも重要でしょう。目標がないという

スタッフがいるなら、急がずに日々のルーチンワーク上での目標など小さなものを作ってあげ、少しずつ目標達成をさせてあげることも必要です。

いずれにせよ、目標以上に結果のフィードバックをしてあげるほうが重要だと感じます。「今日の笑顔が良かった」というレベルのことでも結構です。フィードバックから気付きが出てきて、気付きの延長でさらに大きな目標が立てられるというケースも多々見てきました。目標に対しての現在の達成度合いなども、本人だけでは分からないことも多々あります。目標を立てることが目標にならないように気を付けてください。

経営コラム

個人イメージ

クライアントさんの検査売上や件数を分析した。昨年対比で比較したが、血液検査の比率が下がっているなどの事実が明らかになった。また、院長の感覚とは逆の分析結果が多々出てきた。ドクターが複数いる病院の場合、院長の個人的感覚で判断すると病院全体でするべき判断からズレてしまう場合もある。個人のイメージをいったん横におくことが重要だ。

高揚するイベント

クライアントである病院で、先月院内見学会を行なった。関係あるクリニックの方などを対象としたイベントだ。参加人数も70人を越えて、活気のあるイベントになった。病院をクリニックの方に知ってもらい紹介を促す目的だったが、予期せぬ効果もあった。それは、運営スタッフのモチベーションが上がり、かつ自信を持つことができたことだ。大きな高揚するイベントを開催できたという体験が、スタッフに良いイメージを印象付けた。

不透明だからこそ

先日GDP（国内総生産）が中国に抜かれた。消費不振による影響が大きいという。また円高が続き、自動車会社などが痛手を受けている。景気はとても不透明な状態になってきた。だからこそ、新しいことができる可能性もある。またメリットもある。薬関係なら円高の影響で海外から購入すれば安くなる。また、勢いのある中国に進出するという考えも現実味が出てきた。新しい視点で、どんどん先を見たい

コンセプトワード

いくつかのクライアントさんでホームページ作成に携わっている。テクニック論もちろんあるが、病院のコンセプトに沿った一貫性が重要に感じる。ちぐはぐなホームページでは訴求力は弱く、飼い主さんにとっては魅力的に映らない。一貫性を創る一番の近道は、「コンセプトワード」を創ることかもしれない。イメージはぶれやすい。立ち返れる「コンセプトワード」を作って行こうと思う。

第 9 章

リーダースタッフを作るコツ

Point！
1. 院長は「なぜこのスタッフがリーダーなのか」を宣言しなければならない。
2. 評価制度と連動してリーダーを育成することも可能である。
3. 人材のレベルが上がることにより、病院も成長しやすくなる。

1. チームメンバー数に応じた結節点

　病院を家業ではなく、組織にしようとすると、ある程度のスタッフ人数とリーダーの存在が不可欠になってきます。ひとりの人間が統括管理できる人数は一般的には7人といわれています。この人数を超えると統率できなくなる（スパンオブコントロールといいます）現象が起きます。動物病院の場合は、院長がドクターであり、リーダーであり、経営者でもあるという3役を担っている場合が多いので、私見ですが5人を統括することが限界かもしれません。

　そこで、スタッフ数が多くなると院長とスタッフの間に立つリーダーが重要になります。このリーダーとは、いわば院長と他のスタッフの結節点になります。結節点を意識した組織デザインにすることが大切になります。

　多くの病院では、「この人はリーダーシップがある」という院長の確信が持てない段階では、スタッフの中からリーダーを抜擢することはありません。院長が漠然とイメージしているリーダー像に合致するまで、リーダーというポジションに上げることを嫌がるケースを多々見てきました。リーダーの能力が付くまでリーダーに引き上げない一方、「やめるスタッフがいるかもしれない」という不安感もあり、スタッフを増員する病院も多数あります。そのような病院

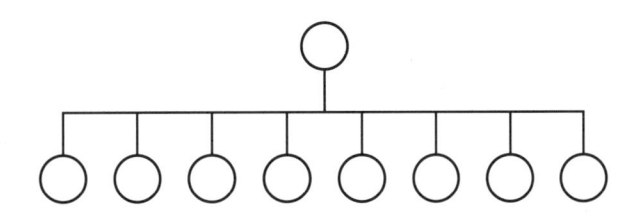

【図1】院長の下に複数のスタッフがぶら下がり直接統括管理する組織形態。

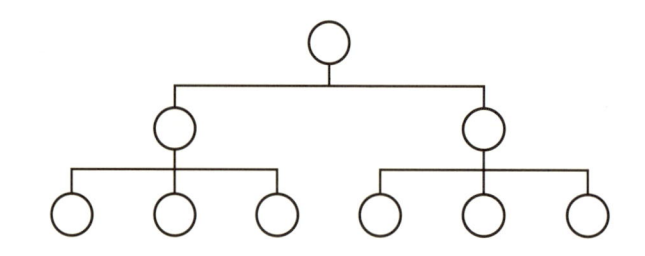

【図2】 リーダーが結節点となっている組織形態。

は、院長から下に複数のスタッフがぶら下がっている組織形態になっていきます（図1）。

この組織形態の一番のデメリットは、コミュニケーション力が弱いということです。コミュニケーションの程度を分析すると頻度×精度×深度×速度という公式で表すことができます。コミュニケーションを取る回数を頻度とし、きっちりとした事実を伝える精度、パーソナルな問題まで踏み込んでいく深度、そしてスピードという速度で表すのです。そうすると図1の組織形態では大勢のスタッフがいることで頻度は減少し、集合して伝えることが難しい業種なため精度が落ちる可能性も高く、時間の制約がどうしても発生するため、一人一人との深い話ができなくなります。また、最初に話をした人から最後に話をする人までの時間がかかるため、伝達速度が遅くなっていきます。

これを改善するためには、コミュニケーションの一体化をどのようにするのかが重要になります。そこで、組織のデザインを図2のように変更していくことが必要になります。

このようなデザインだと、院長が結節点になる人に伝えることによって情報が早く伝達され、一人のリーダーがコミュニケーションを取る人数を限定されているため深度、速度、頻度が速くなります。精度に関しては、院長がリーダーときっちりとコミュニケーションを取ることによって向上するようになってきます。

2. リーダーに求める役割

この結節点に位置するのがリーダーです。一般的にこの位置に入るリーダーは、コミュニケーション力が求められることになります。さらに、メンバーを成長させる指導力や病院の収益を上げるための企画力なども期待されるでしょう。また、院長をサポートするようなフォロー力、病院の理念や考え方を理解し、メンバーに浸透させるような啓蒙力も必要になります。この位置にいるリーダーは院長をフォローする存在でありメンバーを引っ張っていく存在になります。したがって、役割は多岐に渡っていくのです。

しかし、このような一般的に求められるリーダーへの役割を本当に果たしている人は、私がお会いした限り一人もいません。これは当然です。そのようなマルチな能力を持っている人はほとんど存在しないからです。したがって個々の病院のリーダーの役割を、「自分たちの病院にとって優先順位の高い必要な役割」として意識させ整理し変化させる必要があります。

優先順位が高い役割を自院におけるリーダーの役割と考えていくのです。「院長が口下手なので、メンバーに思いを伝えにくい。だから、コミュニケーション力と啓蒙力が高いリーダー

がいい」「自分は経営が苦手なので、企画などを率先して作っていくようなリーダーがいい」など院長や病院全体から考えるリーダー像を作って与えていくことが必要になるのです。

求められるリーダーシップは病院や院長の成長によって変化していくことも多々あるのです。画一的なリーダーの役割だけに縛られず、柔軟にリーダーの役割を意識してください。

3. チームリーダー、イメージリーダー、マネジメントリーダー

リーダーシップの役割には、いろいろな要素があることを記載しました。実はリーダーシップは、個性と関係するケースが多分にあります。組織形態を掲載しましたが、デザイン通りでなくてはいけないわけではありません。

人をまとめるのが得意なリーダーは「チームリーダー」として結節点になるポジションに配置することになると思います。しかし、それ以外の要素でもリーダーとして組織の結節点とは違ったポジションに配置するケースも多々あります。

例えば企画やアイデアを出したり、メンバーからアイデアを引き出したりすることがうまいスタッフがいた場合、「イメージリーダー」として役割を与えることもできます。

また、医療事故を発生させないことは動物病院としてとても重要になります。ミスをなくし、クレームを減少させることにリーダーシップを発揮しそうなスタッフを「マネジメントリーダー」として、管理業務を主とした業務に配置していくこともできます。個性を生かしたリーダーシップを専門とさせ組織デザインを作ることも可能なのです（**図3**）。

4. 見える化のススメ

リーダーの要件はきっちりと文章にすることをお勧めします。なぜなら、時間がたつと院長自身もリーダーの要件を忘れてしまうことが多いからです。頭の中で漠然とイメージしたリーダー像は、時間が経過し、いろいろな情報をインプットすることによって変化してきます。院長は仕方ないと思われるでしょうが、スタッフはあやふやなイメージを目指すことにはモチベーションを感じなくなります。もし、「将来リーダーになりたい」と考えるスタッフがいたとしても院長のリーダーイメージがあまりにも頻繁に変化してしまうと目指すべきものが分からなくなるのです。

表1は、ある動物病院のリーダーに求める役割を記載したものです。これをもとに、スタッ

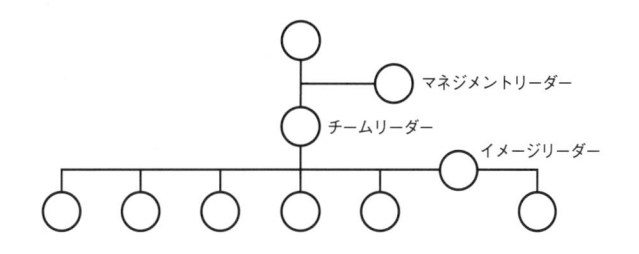

【図3】個性を生かしたチームリーダーの組織形態。

【表1】リーダーに求める役割の一例。

呼称	資格要件	責任・義務	権限
リーダー	・メンバーの悩みなどをサポートできる。また、業務の運営面において、指示・命令を行うことができる。経営に対する企画を立案し、実行することができる。	・メンバーのサポーターとして、教育に携わる。また、メンタル面でのフォローも行う。	・企画に対する決定権を持つ。

フはリーダー像をイメージしていきます。院長自身もこの役割に立ち返ることができるのです。「人は忘れる」という前提でリーダーの役割を明文化し「見える化」することをお勧めします。

5. 特別感≒責任感

リーダーを決めた後、まず、院長がしなくてはいけないことがあります。それは、全員の前で、「なぜこのスタッフがリーダーなのか？」ということを宣言することです。ちょっとしたことですが、この宣言をしてあげることでリーダーとしてのポジションに着いたことを、本人も他のスタッフも認知するのです。ここから、リーダーは特別な存在になります。リーダーに求められることは、一般スタッフに求めることより数段高いレベルにあることを、きっちりと院長が発言することは効果があるでしょう。常に、特別であることを意識させることで、責任感は生まれてきます。ですから、初期の頃はモチベーションの高いリーダーには、どんどん特別感を与えていくことが良いと思います。特に女性スタッフは「自分は特別」「自分は頼られている」ということに、やりがいを感じます。さらに責任感が高まっていくことを、実際のコンサルテーションの現場でも見てきました。

しかし、気を付けなくてはいけないことがあります。責任感が高まるあまり、つぶれてしまうリーダーが出てくるということです。最初からすべてがうまくいくことは稀です。しかし、責任感が強くなりすぎると、うまくいかないことに対してストレスがかかってきます。院長はこのストレスを抜き差ししてあげて下さい。リーダーになったことによる悩みや考えを聞いてあげることも重要なリーダー教育です。また、マンネリ化しているリーダーには、新しい目標を与えることも重要です。ときには、自己成長するためにストレスも重要です。しかし、不安感を和らげてあげないと精神的につぶれることも、現代社会では見逃せない事実なのです。

6. リーダー育成の仕組化 ～リーダーを育成する評価制度とは？～

リーダーに引き上げていく上で、どのような要素を満たせばリーダーになるのか？　という道筋を明確にしていくことも大切になります。表2の例は、評価制度と連動するリーダーになるためのルールです。この評価制度例は、一般的な能力と技術的な能力を分けて評価するパターンです。

第9章 リーダースタッフを作るコツ

【表2】動物看護士の評価チェックリストの一例。

					全体比率	一般能力比率	第1回 自己	第1回 相互	第2回 自己	第2回 相互	最終評価 自己	最終評価 相互	評価点数
全社的意識	1	病院理念の理解	病院の診療方針・ポリシーを理解した行動をしている。	誠実である。高い技術と知識を追求し続ける。自分にして欲しい事をしてあげる。究極のサービス業である事を認識できている。	4.0	8							
	2	活動方針	院内の診療指針を考慮して活動をしている（クライアントの立場に立って）。	クライアントのニーズを理解する。何がベストか、何をしてあげられるかを考えて伝えている。インフォームドコンセントに基づいて診断、治療を進めている。	4.0	8							
	3	挨拶	相手を元気にする気持ちのよい挨拶を周りの人全てにしている。挨拶を受けたらきちんと返している。	飼い主さんはもちろんスタッフ同士にも朝夕の挨拶ができる。また何かを指示されたとき気持ちよく返事をしている。	1.0	2							
マナー・常識	4	約束・時間を守る	約束した時間、期限は必ず守って仕事をしている。遅刻、欠勤がない。	遅刻、欠勤がない。与えられた仕事を与えられた時間内に遅滞なく遂行できる。やり直しの仕事が少ない。	1.0	2							
	5	整理・整頓	診療エリアや自分の身の回りの臭気や汚れに気を配り、常に整理・整頓している。	汚れている事に気付く心を持っている。毎日の掃除がきちんとできる。病院内外の汚れや臭れに気を配り、汚れていたときは進んで清掃、整理することができる。	1.0	2							
	6	親切・丁寧	クライアントに安心・信頼を与える服装、身だしなみ、態度、言葉遣いができている。	病院のスタッフとして相応しい見だしなみをきまえ、髪が常識を心得ている。相手を思いやる気持ちに満ちあふれ、心から動物やクライアントに接している。	1.0	2							
	7	言葉遣い	品位のある行動と敬語等に気を配る事ができる。	相手の立場を考えた言葉遣いができる。尊敬語、丁寧語、謙譲語を理解し適切に使える。	1.5	3							
自己管理	9	自発性		常に問題意識を持ち、時間がある他のスタッフに適切な指示を与え、問題解決にむけて努力している。	2.0	4							
	10	健康管理	クライアントの心と身体を健やかにするために、まず自らの健康管理ができている。	常に自らの健康に気を配ることはもちろん、過度な飲酒、臭気の強い食事は控えている。	1.5	3							
	11	勉強好き	新しい知識・情報を得ることに喜んで取り組み、もっと良くなるよう工夫してやっている。	初めて見る事や技術に興味を持ち、分からない事をそのままにしないで自ら調べ、スタッフ同士でディスカッションする。常に向上心をもって仕事をしている。	2.5	5							

一般能力（全体比率50%）

（次ページに続く）

					※比率は%	全体比率	一般能力比率	第1回		第2回		最終評価		
								自己	相互	自己	相互	自己	相互	評価点数
自己管理	12	素直	良いと分かったことが今すぐ始められる。悪いとわかったことが今すぐやめられる。	上司から指摘を受けた事に対し、腹をたてずに素直に受け入れ、改善できる。		2.5	5							
	13	プラス発想	明るく、元気に仕事をしている。前向きにプラス発想をしている。	嫌な事、できない事を避けて通ったり人に押し付ける事はなく、解決する努力を惜しまない。自分の欠点を克服するよう努力して		2.0	4							
	14	責任感・プラス発想	自分のポジションを理解している。	病院、メンバーの全体の目的・動きを知り、その中で自分が成すべき役割を理解し役割を果たしている。		3.0	6							
	15	ホウレンソウ	必要なときに進んで報告・連絡・相談をしている。	電話の伝言、来客の取次等が、相手に失礼なくスムーズをとり正確に伝達する事ができる。クレーム等の処理後等で事後連絡となった場合、正確に伝達できる。		3.0	6							
	16	協調性	組織に調和している。	組織の中での自分の立場を理解し、他人の事を思いやり協調性に富んでいる。		3.3	6.5							
	17	改善能力	現在のシステムを尊重しつつ、新しいアイデア、改善点を提案できる。	イエスマンとなることなく、現行のシステムの問題点を考え、その解決策を提案できる。会議において活発に発案できる。		2.5	5							
			全体のバランスを考え休暇を取っている。	業務に支障を来たさないような休										
業務	19	事務能力		計算等コンピューターの操作、な計算が正確にできる。		2.0	4							
	20	状況把握力	その場の空気を読める。	いろいろな状況において、言葉での空気を読んで適切な行動がとれる。		3	6							
	21	基本的国語力	言われた事を理解し、正確な言葉で伝達できる。	業務において特別丁寧に説明しなくても、指示された事を理解し遂行できる。質問された事に対して、的確な返答ができる。		2.5	5							
	22	コンピュータースキル	コンピューター操作の指導、トラブルシューティングができる。	コンピューター操作の指導ができる。日常業務でのミスを見つけたり、フリーズ等の比較的軽度のトラブルに対応できる。		2.0	4							
一般能力(全体比率50%)				一般能力合計		50%	100%							

(次ページに続く)

第9章 リーダースタッフを作るコツ

				全体比率	一般能力比率	第1回 自己	第1回 相互	第2回 自己	第2回 相互	最終評価 自己	最終評価 相互	評価点数
	23	接客力	いつでも自然な笑顔でいられる。	受付や診療補助の時など、いつでも自然な笑顔でクライアントに接し、動物に対するやさしさに満ちあふれている。	5	10						
	24	ニーズ把握	受付で患者さんの言っている事が理解でき、伝えられる。	受付業務の流れの中で、自然にクライアントのニーズを汲み取る事ができる。また、それに対し適切に正確に伝達できる。	5	10						
	25	クレーム対応力	クレームに対し適切に処理できる。	クレームの原因を即座に分析しその解決法を考え、自分で対応可能か、上司に連絡し対処を仰ぐか適切に判断できる。	4.5	9						
	26	業務処理能力	仕事を能率的にこなす事ができる。	仕事量や優先順位を考え、限られた時間内に能率的に処理する事ができる。業務終了後は速やかに帰る。	4	8						
		身体検査能力	身体一般検査ができる。	予診としての身体検査ができる。また、明らかな異常をみつけ……	3.5							
	29	サポート力	必要な物がわかり、すぐに出せる。	診療の流れや個々の獣医師の人柄を理解し、獣医師が必要としている物を、先走る事なくかつ遅滞なく適宜準備できる。また人手の必要な所を見つけ自ら行く事ができる。	4.5	9						
	30	向学心	知らない事は進んで調べる努力する。	いろいろな事に興味を持ち、知らない事は、上司に聞いて調べようとする。セミナー等に積極的に参加しようという意欲がある。	4	8						
	31	保定・補助能力	動物の保定、レントゲン撮影助手ができる。	採血や注射の際に動物の保定が上手にできる。レントゲン撮影の際ポジショニングを理解し、動物に苦痛を与えなく正確に保定できる。	4	8						
	32	臨床検査能力	院内で実施する臨床検査および外注検査を理解している。	基礎的な臨床検査法や意義に精通し、検査に際してはその検査の意義が認められたときは遅滞なく報告できる。ケージからの出し入れが安全にできる。	4	8						
	33	看護力	動物の看護を熟知している。	動物の看護の基本的な事を理解し、外用処置等の指示された事ができる。動物の性格を判断し、散歩、食事、内服、外用処置等の指示された事ができる。	4	8						
技術力（全体比率50%）	34	麻酔サポート力	麻酔の補助・手術補助ができる	モニターの分析、麻酔器具の使用を熟知し、一人で麻酔補助ができる。手術時の器具の出し入れができる。	4	8						
			技術能力合計	50%	100							
			合計	100%	—							

※比率は%

※評価点数は全体比率×最終相互評価点数

100点～90点：完璧にできた　89点～80点：よくできた　79点～70点：できた　69点～60点：まあまあできた　59点～50点：普通　49点～40点：あまりできなかった　39点～：できなかった

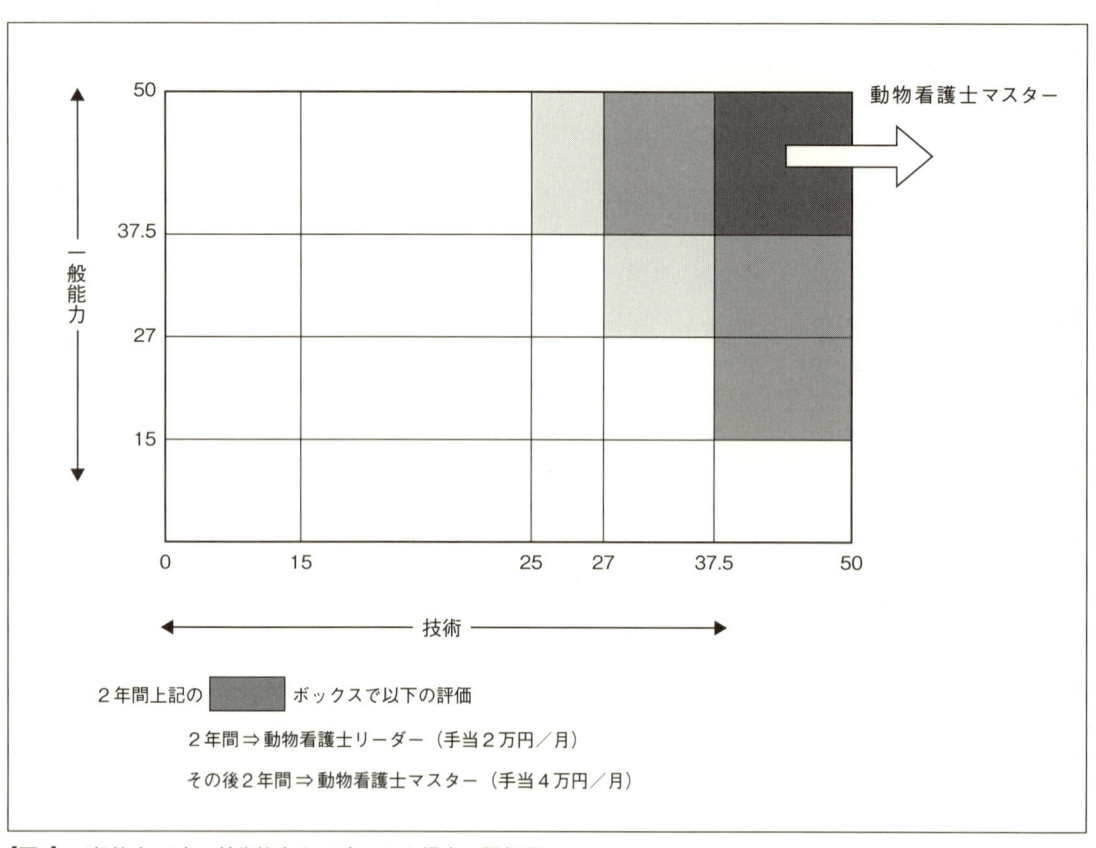

【図4】一般能力50点、技術能力を50点にした場合の評価図。

　一般能力では、病院の理念を理解しているかどうか、挨拶できるかどうかなどの社会人、チームメンバーとしての能力を評価します。動物看護士の場合の技術能力は、手術の準備ができるか？　保定ができるかどうか？　などを評価します。二つの軸での評価点数バランスによって、リーダーになる点数ゾーンを決めておきます。

　図4のマトリクスは、一般能力50点、技術能力を50点にした場合の例です。一般能力70点、技術能力30点など二つの軸の能力比重を病院によって変えるケースもあります。

　これは、ひとつの例ですが評価制度と連動してリーダーを育成することも仕組みとして可能です。このような仕組みがあれば、院長のリーダー教育も、より精度の高いものになっていくのです。

7. リーダー連鎖による病院成長

　リーダーになることはゴールではありません。リーダーというポジションからさらに上位のポジションに向かうという成長ステップも大事な要素になります。リーダーはさらに他のスタッフをリーダーにしていくことも重要になります。

第9章 リーダースタッフを作るコツ

【表3】リーダー以上のポジション明文化の一例。

呼称	資格要件	責任・義務	権限	手当
役員	経営者の一員として組織をマネジメントすることができる。また、社会の要請にこたえる獣医療システムの構築を行うことができる。	院長代行、(副院長)。	院長に準ずる。	役員手当
マネージャー	病院の成長に必要な戦略を検討・立案し、職員の合意の下に実行することができる。	担当分野の役員の代行を行う。	高額購入件の決定権。機器修理などの決定権。	5万円/月
チーフ	病院スタッフの個々の強みを伸ばすことでき、弱みをカバーすることができる。各プロジェクトが成果をあげるために必要な調整能力を有する。	病院全体のコミュニケーションの中核を担う。また、メンタル面でのフォローも行う。	就業希望者の面談を行い、採用に関する意見を伝えることができる。クレーム時の処理を決定できる。	3万円/月
リーダー	プロジェクトごとの企画・立案とチームのマネジメントができる。	メンバーのフォローと指導。	企画に対する決定権を持ち、必要な消耗品等の購入権限を持つ。	2万円/月

注)
・上位の資格は下位全ての責任・権限を有する。
・全資格は決定権を有しても、上位の資格・役職者に対して報告・相談を怠らない。
・その場に、責任・権限者が不在の場合は、連絡を取り指示・決定を仰ぐ努力をする。
・昇格後、資格要件に当てはまらないと判断した場合は、降格することもありえる。

またリーダー自身も新たな目標に向かってチャレンジしていくことが、成長につながっていくのです。表3はリーダー以上のポジションを明文化した表です。

この表はリーダーになることがスタートであり、最終的には役員になるというストーリーを明文化しています。先にある目標をイメージすることで、リーダーとして成長してきた後も広い視野を意識しやすくなります。そして、一般スタッフの中にリーダーになる人材が出てくれば、チーフ、マネージャーなどの役割を持ったスタッフが連鎖していくようになります。人材のレベルが上がることにより、病院も成長しやすくなるのです(表4)。

誤解のないように述べますが、もちろん獣医療の技術部分でも成長は必要だと考えています。このリーダーなどの能力と合わせて、獣医療スタッフとしての臨床技術を成長させる目標ももちろん重要です。

最低限の臨床技術レベルがないと、リーダーシップがあったとしてもリーダーとしては認められないでしょう。リーダーとして認めるための最低限の臨床技術レベルも決めておく必要があります。

【表4】動物看護士・トリマー資格制度の一例。

呼称	資格要件	責任・義務	手当
ケアマイスター	国際的レベルのスキルや資格の取得。	取得した分野で地域社会の動物の福祉に貢献する。	7万円/月
ケアマスター	国内レベルの資格の取得と実践。	取得した資格に基づいた成果をあげる。	5万円/月
ケア主任	ケア主任の能力に加え、得意分野において、動物の福祉と飼い主さんの安心に貢献できる、資格やスキルの取得。	取得したスキルを病院内に定着・継承する。	2.5万円/月
ケア主査	得意分野において、自立したサービスを提供できる。	自発的に得意分野スキルの向上に必要な研鑽を積む。	1万円/月
ケア主事	通常業務を理解し、円滑に作業が進むよう気が配れる。担当した作業ごとに成果をあげることができる。クライアントが満足する対応ができる。	他のスタッフとの強調性を持ち、率先して仕事をする。担当した動物の状態を常に把握し、上司と飼い主さんに報告する。得意分野を見出し、自分の視点でケアを実践する。	5千円/月

8. リーダー業務の棚卸し

多くの動物病院ではリーダーの能力をもったスタッフが少ないと思われます。したがって、リーダー要素をもったスタッフが一人存在した場合、そのスタッフに多くの業務が集中するケースが多々あります。初めはリーダーとしてモチベーションも高く活動していたスタッフも、業務範囲と業務量が多くなってくるとだんだんと多忙になり、本来のリーダー業務に集中できなくなります。優秀なリーダーであればあるほど、自分で業務を抱え込むケースも多く、パンクしてしまうリスクもあります。日々の診療が忙しいため、自分がなぜ忙しいのか？ と振り返ることができなくなります。また「自分で実施した方が早い」という感覚があるリーダーは、実行力があるために人に教えて業務を振り分けて教育することをしないで、自分で処理しようとします。そうすることで、さらにリーダーは忙しくなり、メンバーの能力は向上せず、病院として業務が滞ってしまうというリスクが高くなってきます。

そのような場合は、リーダーの業務を棚卸しすることをお勧めします。**表5**はあるリーダーの業務棚卸しの一例です。日々の業務の中から、リーダーしかできない仕事、リーダーがした方が良い仕事、リーダー以外でもできる仕事と分類していきます。そして、病院が主導となり業務を振り替えていくのです。

リーダーがした方が良い仕事は、リーダーとサブリーダー、もしくは将来リーダーになってほしい人に、徐々に移行していくのです。そして誰でもできる業務は、スタッフに振り替えていきます。一定時点でこのように整理すると、一人に偏った業務を病院の業務として落とし込めるとともに、リーダーを更に経営面の業務に注力させることができます。

【表5】 リーダーの業務棚卸しの一例。

	リーダーしかできない仕事	担当者
1	院長が思いついた新しいアイディアを実行すること	リーダー
2	クレーム対応（直接・電話・メール）	リーダー
3	病院全体を見たときの流れや必要事項に気付くこと	リーダー
4	それを院長に報告し、自分でできないときは指示を仰ぐこと	リーダー
5	スタッフが思わしくない行動をとったときの修正・指示・教育	リーダー
6	業者ともめたときの対応	リーダー
7	各部署・各自の相談・解決・報告	リーダー
8	人事	リーダー
9	面接	リーダー
10	受付の仕事に対しての監督・相談・指示	リーダー
11	何か事件が起こったときに自分では無理なことは、院長への報告・連絡・相談	リーダー
12	面談同席	リーダー
13	値段やカルテチェック	リーダー

	リーダーが実行したほうが良い仕事	担当者
1	院長より依頼された仕事をすること	リーダー
2	スタッフが責任をもって仕事ができるようにすること	リーダー
3	スタッフの行動に気付くこと	リーダー
4	院長とスタッフの橋渡し	少しずつサブリーダーへ移行
5	フィロソフィーを浸透させること	半年後リーダー候補B
6	各業者からの依頼に対しての対応	リーダー
7	勉強会の立案	リーダー
8	全体を見たときに、自分が不在であっても決まり事はできるようにすること	リーダー
9	不良在庫管理	リーダー
10	スタッフが仕事を円滑にできるように工夫をすること	半年後リーダー候補B
11	病院の決まり事を統一すること	リーダー

	他の人でもできる仕事	担当者
1	メール対応・処理	スタッフC→獣医師
2	病院の入り口の清掃	スタッフD、E
3	各ミーティング参加	スタッフF
4	各業者の窓口	スタッフD、E
5	掲示物の作成	スタッフG
6	必要なクライアントに対しての書類作成	スタッフC→獣医師
7	ミーティング準備	スタッフD、E
8	海外用の書類作成	スタッフD、E
9	海外注文	スタッフD、E
10	海外注文書類作成	スタッフD、E
11	DM文章作成・確認・指示	スタッフF
12	掃除	全員
13	物品整理整頓	全員
14	在庫管理	各担当
15	解決しなければならない問題をみつけること、気づくこと	全員
16	スタッフから聞かれた質問に対して応答すること	全員
17	医療機器が壊れた時や故障したときの連絡	VT
18	システム会社との連絡	スタッフC→獣医師
19	薬注文	各担当
20	VTとしての仕事	各VT
21	サンキューレター（お礼の手紙）の作成・送付・チェック	スタッフG
22	未収金の回収	専門業者

経営コラム

リカバリー

あるクライアントさんの勤続10年のスタッフとお話した。先月まで、いろいろなことから落ち込んで鬱状態だったらしい。しかし過去に一度、それ以上に落ち込んだことを思い出したのがきっかけで、その状態を打破できたという。結局、そのようなリカバリーした体験がないとセルフモチベーションは上がらないのではないか？ ゆとり教育世代のマネジメントは、ワクワクすることを基準にするパターンが多い。もちろんそれも必要だが、それだけでは強さを持つことはできないかもしれない。

器械稼働

多くの動物病院では、稼働率の低い機器の活用を高める取り組みが充分でないように思う。高額な器械を購入したが稼働しておらず、収益に貢献していないようなケースがままみられる。血液凝固検査の器械などを、クライアントさんたちは例として挙げる。それらの器械の稼働率を上げる検査の見直しをしているだろうか？ 訴求方法やスタッフ達の意識づけ、ケーススタディなど本気で稼働率をあげる取り組みをする必要がある。

リハーサル

日本臨床獣医学フォーラムの講演のため、リハーサルを行った。通常セミナーでは4時間位かかる内容を、ポイントを押さえて50分に短縮する。これがなかなか難しい。体系的な内容にしているため、バランスが難しい。リハーサルでいろいろ課題が浮かび上がる。動物病院経営でも、インフォームドコンセントは重要である。しかし、ドクターが声に出して説明をリハーサルしているケースは少ないように感じる。ぜひ声に出したリハーサルをおすすめする。頭の中で話しているトークと口に出したトークは異なるケースが多々あるのだ。

原点

あるクライアントさんに獣医師になったきっかけを質問した。病院のコンセプトを創るためであったが、飼い主さんのために何をしたいか？ 病院をどうしたいのか？ などの質問に対する解答からとても深い想いを感じた。忘れているだけで、熱い想いは一人一人が持っている。原点を辿るとわかってくることが多々ある。今一度、原点にたち戻り病院経営を考えてみたい。

第 10 章

いきいきプログラム10

Point !
1.「もしも隣に動物病院ができたらどうする?」というテーマを与えてみる。
2.「すぐに否定しない」というポジティブルールを作り、ミーティングを改善する。
3. 診療が少し落ち着いた時期のオフタイム企画は、いくらでも考えられる。

1.「楽しさ」や「明るさ」を感じる仕組み

スタッフがモチベーション高く仕事をすることは、動物病院にとってとても大切なことです。よく経営相談で受けるのが「どうやったらスタッフのモチベーションが上がるのでしょうか?」という質問です。最近は院長と現場スタッフの年齢や意識の違いが顕著になりつつあり、「スタッフのやりがい」「楽しさ」というものがイメージできなくなってきています。先に述べた評価制度などもありますが、昨今はそれだけではモチベーションが高まらないという問題点も顕著になってきました。日々の業務の中にも「楽しさ」や「明るさ」を感じる仕組みを導入し、院内の環境を変化させる必要性も出ているのです。

承認の欲求(認められたいという欲求)や社会性の欲求(人とつながっていたい、社会の一員でありたい)という欲求を満たす仕掛けが必要な時代になってきています。動物病院は、「死」というものと向き合わなければいけないというストレスが強い業種です。ストレスを軽減するためにも、ちょっとした「いきいき」という感情に変化させる仕掛けの積み重ねが必要だと思います。その仕掛けを10手法紹介します。

2. いきいき朝礼

朝は仕事を始める上でとても重要な時間です。ある動物病院では、始業の前に診察室に並んで「今日も一日よろしくお願いします」と診察する場所に感謝する儀式をされているところもあります。

よく朝礼を実施しているかどうかを聞くのですが、実施していないケースが多数あります。朝礼を実施されていたとしても、申し送り事項を全員で確認する程度のようです。

朝から前向きになるために、「昨日一日で良かったこと、楽しかったこと」を持ち回りで発表している朝礼スタイルの病院もあります。グッドアンドニューというミーティングの手法です。「飼い主さんにはじめて名前で呼んでもらった。名前を覚えてもらってうれしかった」というレベルのものでも充分です。また、自院の理念に沿った行動を発表する朝礼もあります。

これは、理念や行動指針を作った上で行うことになります。もちろん、実行できたことを発表するので、雰囲気は良くなります。

ポジティブに気持ちを切り替える時間、それが朝礼なのです。

3. レターでの感謝法

書面でもらった感謝の言葉は、口頭でもらった感謝の言葉以上に価値あるものになります。日常において、書面で感謝の言葉やお褒めの言葉をもらうケースが最近ではめっきり少なくなっています。そこで、感謝の気持を書面で渡すことをお勧めしています。現金で給与を手渡されている動物病院では封筒に入れて渡している場合もあります。簡単な方法では、給与やボーナスを渡すときにスタッフに手紙を添えて渡すことがあります。文面の一例として「今月は忙しいフィラリア時期だったのに、一度も嫌な顔をせずがんばってくれた、どうもありがとう。忙しい時期を乗り切れたのは○○さん達の協力があってこそだと感謝しています」というようなものはどうでしょう。面と向かって渡しづらい院長もいると思います。また、年末に貢献度の高いスタッフに表彰状を渡すこともあります。家庭用プリンターで作成する表彰状などもあり、表彰状作成はそれほど難しくありません。

このように「ありがとう」という感謝の気持を表すことが大切になります。

4.「愛の密告」制度

これは、同僚が同僚を褒めあい、感謝しあう仕組みです。AさんがBさんを助けたとしても、他の人たちにはわかりません。そこで、Bさんが、Aさんに対して感謝する気持ちをカードに書いて投函ボックスに入れるのです。「Aさんにさりげなく保定を手伝ってもらった。いつも、自然なやさしさでサポートしてくれています。ありがとう」など、日々の業務で感じた感謝をカードに書いて投函します。そのカードを定期的に貼り出し、カードが最も多かったスタッフに表彰状とプレゼントを渡すということもあります。これは、ギスギスした雰囲気になることを避けるためにできた手法で、人医療の病院でも良く取り入れられています。これを継続させることで、人の長所を見る癖がつくようにもなります。自己啓発教育の一環でもあるのです。

5. 全脳思考プログラム

これは、将来なりたい結果をイメージしてそれに到達するプロセスを紙に落とし込むという手法です。甲府のノア動物病院の林院長が動物病院で取り入れられました(図1)。この全脳プログラムのファシリテーターである林院長は企画の内容はスタッフで構成するチームに任せて

【図1】全脳思考プログラムの一例。
（ノアトリマーの意識改革）

います。

　到達する目標や過程を皆で考えることによってチームとしての一体感が沸き、目標を達成するビジョンがひとつになります。実は、このチームのメンバーの中には当初協力的でないスタッフもいました。少し問題があったスタッフです。しかし、プロセスを一緒に作りその目標に向かって実行していく中から連帯感が生まれ出しました。今では重要なチームメンバーに成長しています。

6. ポジションによるネーミング法

　スタッフの役職によって呼称が変わるというケースは多々あります。例えば、副院長や動物看護主任、外科部長などです。これは、自分の得意な分野との連動というよりも、もっと広い病院という経営体の中での位置付けです。もちろん、このような役職によって責任感が出てモチベーションが上がるということもあります。しかし、最近では責任を持ちたがらないスタッフも多数います。ただし、その人たちは存在を認められたくないかというとそうではありません。「自分を認められたい」という欲求は人一倍強いケースもあります。

　そこで、もっと小さな範囲での位置付けを行い、呼称を付けるという方法があります。フード全般の担当である「フードマスター」や待合室作りを担当する「待合室係」です。このような名称と似顔絵を入れたネームプレートを付けるケースもあります。病院での業務と連動する位置付けで、かつ本人が興味のある分野と一致させることがポイントです。また、興味がなくても院長が向いていると判断した分野でもかまいません。そのときは、「僕が見ている限り○○さんが向いていると思って」という言葉をかけることでモチベーションは変わります。ちょっとしたことですが、ぜひ言葉でフィードバックしてあげてください。

7. いきいき行動評価

　これは、プロセスに対して評価する手法です。スタッフの行動によってポイントを貯め、低価格のちょっとしたものを報酬として与えるというものです。最も簡単な行動評価は特定のテーマに沿って全員で目標を作り、それが達成したら皆で報酬を分配するというものです。例えば、ズーノーシス予防を強化したいと考えたとき、「病院全体でズーノーシス予防の説明と駆虫薬のお勧めを100回／月実施する」という目標を作ります。そして、全員がお勧めした回数をカウントし、100回を超えたときに全員でお取り寄せスィーツを食べるというようなものです。

　システムとして構築するなら、**表**のように行動項目にポイントを付けそれを蓄積させるという手法もあります。また、院内でポイント数が見えるようになっていれば、競争を嫌がらないスタッフなら行動する意欲もさらに高まっていきます。

　注意点は、減点のない加点式であり短期間でフィードバックできるテーマや項目にすることです。そして、金銭ではなくディズニーランドのチケットなど「ちょっとしたプレゼント」を報酬に選ぶことです。「楽しさ」と連動する雰囲気作りも重要なのです。

　さらに、ある動物病院では年末にポイントを累計しMVPを決めるところもあります。イレギュラーケースではありますが、表彰などと連動すると盛り上がります。

【表】 行動項目のポイント換算表の一例。

接遇一般	a	カンファを的確に短時間で終わらせた	b	的確な問診ができた
		クライアントに親切・丁寧に分かりやすく説明した		他のスタッフから質問をされ的確にその指示が出せた
		外来を同時に2件みた		他のスタッフから「ありがとう」と言われた
		床替えをした		他の部署スタッフから指名で仕事を頼まれた
		自分が担当したクライアントのケアを治療終了までした		身だしなみをきちんとしていた
		自分が担当したクライアントに未収金の話をした		全員に朝の挨拶がきちんとできた
		猫の去勢手術をした		退勤時の挨拶がきちんとできた
		自分の改善点に気付き直す事が出来た		トリミングを勧めて予約が取れた
		自分の足りないところに気付けた		積極的に掃除をした
		報告・連絡・相談（ホウレンソウ）ができた		在庫管理のための工夫をした
		自分で仕事を引き受けた		病院内で工夫が必要な事に気付き提案した
		一つでも人に親切にしてあげた		スタッフをフォローした
		ありがとうを3人以上の人に言えた		自分なりに気付いたことをメモしている
		時間外でも手伝った		排水口の清掃をした
		他の人の仕事を手伝った		床に落ちていたゴミを拾った
		パピーパーティを勧めた		適正在庫を意識して守れた
		パピーパーティの予約を取った		エアコンを清掃した
		トリミングを勧めた		実習生に優しく指導した
		キャンペーン商品を積極的に売った		ミーティングの議事録まとめを申し出た
		在庫管理のために現状を把握した		DMラベル貼りを100枚行った
		未収のある飼い主さんを意識した	c	朝の入院治療をカンファ前に終わらせた
		セミナーに出た		外来を同時に3件みた
		提出物の期限を守れた		治療プラニングを立て飼い主さんに説明した
		クレド（信条）に書いてあることを実行した		犬の去勢手術を行った
技術面	b	引き継ぎをした		猫の避妊手術を行った
		獣医師へ質問して教えてもらった（知識が増えた）		犬の避妊手術を行った
		新しい知識を他のスタッフに教えた		避妊・去勢以外の手術をした
		できなかった検査ができるようになった		課題やレポートを期限までに提出した
		血液検査で異常に気付き獣医師に伝えた		仕事を効率よくするためにアイデアを出した
		手術での準備・器具出し・モニター管理ができた		イライラせずにさわやかな印象を飼い主さんに与えた

8. サプライズフィードバック

「予期せぬこと」が起こると人は驚きます。想定外のことを積み上げていくということが、スタッフにとって最も「わくわく」することになります。「あまり他の動物病院では聞いたことがないこと」が「驚く」ということにつながってきます。例えば「今月の笑顔大賞」などの賞をいきなり作り、受賞したスタッフの笑顔を待合室など院内に貼り出したり、スタッフの誕生日を予め覚えておき、花などを渡したりすることなどです。これはちょっとした思いやりと連動します。

他にも企画ではありませんが、研修の感想をシートに記載して待合室に張っている病院があります（図2）。このシートを見て、飼い主さんから想定外に褒められるケースが出てきました。「こんなに勉強してすごいのね」という言葉をかけてもらったのです。「飼い主さんから自分が褒められる」という想像していなかったことが発生して、とてもモチベーションが上がったケースもあります。

既成概念をなくすと、いろいろな仕掛けが見

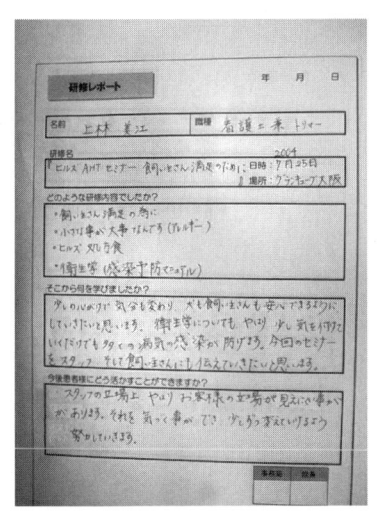

【図2】研修の感想をシートに記載して掲示。

えてきます。動物病院のスタッフがあまり経験したことがないことを想像しながらサプライズを考えていくこともワクワクするコツかもしれません。

9.「もしも」ロールプレイング

「もしも」という仮定をもとに、スタッフに考えさせるトレーニングをしている動物病院もあります。多くの人にとって日々のルーチンワークをこなしていくことが、安心できる行動です。スタッフの気持ちの中には、「何事も変化がない」という安心感を持って仕事をしているケースも多々あります。しかし、「もしも」というテーマを出していくと脳が刺激され、日常では考えなかったようなアイデアが生まれやすくなります。ある動物病院では、「もしも倍の規模の動物病院が開院したらどうする？」というテーマでミーティングしたそうです。

日ごろから隣に動物病院ができる危機感を持っているスタッフはほとんどいません。「もしも隣に動物病院ができたら？」というテーマを与えることで、スタッフそれぞれが、その規模に負けない自院の長所や特徴を想像し出したのです。

よくあるのが、このような前提を想像させずに「何かアイデアない？」と聞くことです。このような問いかけでは、あまり多くのアイデアが出ないケースがあります。ぜひ、前提条件を提示して、スタッフのイメージ力を膨らませてください。

「もしも」のケース例

時刻は朝の7：30。藤原君は出勤しようとしたところ、お母さんが急に体調を崩しうずくまってしまいました。藤原君はまだ勤務開始時間の8：45には1時間以上余裕があったため、お母さんを車に乗せ近くの内科クリニックまで連れていきました。内科クリニックではまだ医師が来ておらず、結局お母さんを診てもらったのは、8：30でした。

急いで勤務する動物病院に連絡を入れましたが、獣医師のチーフ、看護師たちもミーティングで電話に出ることができませんでした。スタッフに事情を連絡しましたが、電話に出たスタッフは新人スタッフB子さんでした。B子さんは、直後に別の電話がかかり、その応対に追われ、藤原君のことはしばらく忘れてしまっていました。思い出した時には9：30を回っており、気まずくて上司に言い出せませんでした。

そのため病院では、状況がしっかりと伝わっておらず、藤原君がなぜ来ていないのか、いつになったら出勤するのか分からないままでした。

母親が内科のクリニックでレントゲン、点滴を受けたのを見守って出勤した藤原君が、動物病院に到着したのは10：15でした。

スタッフは藤原君に不信の目を向け、スタッフB子さんはなぜか気まずそうにしています。

問1．悪かった点はどこでしょうか
問2．改善策は？

10. ミーティングのポジティブルール

ブレーンストーミングという言葉を聞かれたことはあるでしょうか？　これは、発言に対して、否定をせず、まずは「聞く」というミーティング手法です。動物病院は時間が充分とれないという理由から、ミーティングが短くなる傾向にあります。そこで、スタッフが発言しても院長が気に入らない意見ならすぐに却下する傾向があります。却下＝否定をすぐにしてしまうと新しい意見を言ってみるという雰囲気が崩れていきます。

私もよくスタッフに個別でヒアリングしますが、聞く側に徹してみると意外と良い意見をもらうことがあります。「こんなこと言って、ばかにされたら恥ずかしい」という気持ちは多くのスタッフにあります。それでも勇気を振り絞って意見を言っているスタッフもいるのです。ですから一回受け止めて、さらに改善するアドバイスをするというようなアプローチが必要です。「〇〇さんの意見は良い意見だね。さらに、こんな方向で掘り下げたらどうだろう？」とい

うようなトークで導いてあげることも重要です。「すぐに否定しない」というポジティブルールを作ってミーティングを改善していきましょう。

11. OFFタイム企画一覧

一般的に動物病院が最も忙しい時期はフィラリア予防接種の時期であり、その時期を過ぎるとだいぶ余裕が出てきます。（もちろん、病院のコンセプトの違いで需要期がずれることもありますが……）

少し落ち着いたオフタイムを使って、いろいろな企画やイベントを実施している動物病院があります。どのような企画があるか少しだけご紹介したいと思います。

(1) しつけ教室

動物たちが飼い主さんと楽しく暮らしていくように行動をしつける教室が多くの動物病院で行われています。院内のスタッフがトレーナーになる場合と院外から講師を呼ぶ場合があります。

(2) 運動会

秋口に動物たちを連れて開催する運動会です。お座りキングコンテストなど動物と飼い主さんが一緒に参加できるゲームを取り入れています。

(3) フードセミナー

健康維持には大切な、食事に対するセミナーです。一般的なフードの成分や処方食の成分、なぜ処方食は高価なのかということなどをセミナーで発表します。また、食育とからめてお話している動物病院もあります。

(4) ハロウィンパーティ（10月31日）

待合室にかぼちゃの飾りを付けてハロウィンの雰囲気を出します。日本では意外とハロウィンの意識が低いため、近隣の動物病院と企画がかぶることが少ないというメリットがあります。

(5) 敬老の日キャンペーン

敬老の日に、人の年齢換算で60歳になった犬と飼い主さんに来院してもらい「ちゃんちゃんこ」を着せて写真を撮ります。もちろん、プレゼントなどをお渡ししてもかまいません。院内に写真を貼り出すケースもあります。

(6) 高齢犬（猫）セミナー

現在、人と同じように高齢な犬や猫がどんどん増えています。高齢になったときに必要なケア方法や食事など、総合的に高齢動物に役立つ情報を発信するセミナーです。

(7) ストレス解消セミナー

ストレスを感じている動物たちは多々います。どのようなときにストレスを感じるのか？　どうすればストレスを軽減できるのか？　など人と同じ現代病に焦点を合わせたセミナーです。

(8) クリスマスコンサート

これは病院のスペースなどの問題があるかもしれません。しかし、飼い主さんの中にはイベントで力を発揮していただける多彩な職種の方も多くいらっしゃいます。そのような飼い主さんの力を借りて行うイベントです。

(9) わんわんフェスティバル

運動会と似ていますが、さらにゲーム性が高いことを実施します。わんちゃんは参加しないような飼い主さん向けのイベントも開催します。「梨の皮むき大会」などを実施したクライアントさんもあります。

(10) 犬種別パーティ

犬種ごとに飼い主さんの特徴があるとおっしゃられる院長もいらっしゃいます。そこで、犬種別のパーティを開き交流を深めることを行います。ダックスパーティやチワワパーティなどです。犬種別の特徴に応じたセミナーを開催することもできます。

(11) マッサージ教室

昨今、Tタッチなどのマッサージが流行しています。マッサージの実演を交えながら行うことで、家庭でもストレスを和らげてあげることが可能になります。外部から講師を呼ばない限りは、しっかりとスタッフが勉強する必要があります。

(12) 歯みがき教室

歯科検診とセットにしている動物病院も多く見受けられます。やはり臭いを気にされている飼い主さんが多いと聞きます。歯科検診を無料で行い、歯みがきの方法を実演指導している動物病院もあります。

(13) 七夕祭り

七夕の前後一週間位、笹を設置して短冊を院内に置いておき、願いごとを書いてもらい笹にくくりつけます。「病気にならないように」というような願いを飼い主さんが書き、笹にくくりつけることによって、飼い主さんの七夕祭りへの参加意識が高まります。

(14) 写真撮影会

写真撮影が好きなスタッフも多くいます。写真撮影が好きなスタッフが主体になって、動物たちを撮影する日程を設けます。あまりデジカメなどに慣れていない飼い主さんには、きれいな写真を撮ってもらえるだけで満足感を持っていただけます。

(15) フォトコンテスト

トリミングなどの際に撮影した写真を院内に一定期間掲示します。その写真の中で、最もかわいい写真に投票します。掲示された写真の飼い主さんは、自尊心を高められます。こういったコンテストでは順位での賞状だけでなく、多くの方に賞を作ってあげることが重要です。

(16) 同窓会

パピー教室を一緒に受けたペットと飼い主さんが集まって行う同窓会です。いったんプログラムが終了すると、つながりがなくなってしまうケースが多々あります。そこで、一度一緒にプログラムを受けた飼い主さんで「同窓会」を開催します。

長い期間のつながりを飼い主さん同士で作ることができます。

(17) ハーブ・アロマ教室

「香り」に対して興味をもたれている女性のスタッフは多くいらっしゃいます。また、飼い主さんもハーブやアロマが好きな方も多々いらっしゃいます。自分自身も楽しめ、かつペットたちも楽しめるようなハーブやアロマづくりの教室を開催します。

(18) ピンクのリボン月間

乳がん撲滅の象徴であるピンクリボンを雌の犬や猫の飼い主さんに渡します。このリボンを巻いてあげることはもちろん、乳がん検診を無料で行います。世界的なキャンペーンとの連動です。

(19) お茶会

スペースの問題やノウハウの問題で教室を開催しづらいという病院も多くあります。そこで、「集い」を提供するだけの時間を作るケースもあります。お茶とケーキを用意して、飼い主さんだけに集まってもらいます。そこで、いろいろな質問を受けたり、気軽に雑談します。コミュニケーションを簡単に取る企画です。

(20) ペットロス講座

ペットが亡くなって、寂しい状態の飼い主さんも多数いらっしゃいます。動物病院に来院する機会はなくなりますが、動物病院だからこそペットロスに陥った飼い主さんの心のケアもできます。そのような理由からペットロス講座を開催されている動物病院もあります。

まだまだ、イベントや企画は多数あります。ぜひ、スタッフで協力し、イベントや企画を実施してください。イベントなどの企画・実行がスタッフの結束力を高めることが多々あるのです。

経営コラム

体系化

　マーケティングで企画を考える場合、反響を意識するあまり、その先を考えない人が多い。患者を集めるための企画を実行した後に、収益をより確保できるものをどのように提案するのか？　さらに、飼い主さんに満足してもらえるものを提案できるのか？　という視点が抜けてしまう。この段階まで体系化していくことが、マーケティングである。動物病院の歯科キャンペーン、DMの反響から、どのように体系的にストーリーを描き実行していくかが大切だと感じる。

感覚

　ある病院では売上も順調であり、昨年から忙しさも変わらなかったという。しかし数字のデータを分析していないとのことであったので、念のため患者数の昨年対比を出してもらった。すると今月までの累計で1,000人近く患者数が減少していることが分かった。順調な時は危険に対しての感覚が緩む。また、数字を見ていかないと、事実を見逃すことになる。

シフト

　動物病院のクライアントさんの採用が充実している。応募の数が格段に昨年より増加している。また、専門職ではない一般募集のスタッフは、ビジネススキルの高い人が増えている。受け手である動物病院のスタッフを活用するスキルを高めることも、重要な時代だ。受け手側のビジネスマナーやビジネススキルのレベルを高めることが、人材を活用するポイントになる。

経営の終わり

　あるクライアントさんに、経営に終わりがあるかと聞かれた。終わりはないと思うと答えた。動物病院の他にもいろいろな経営体のお手伝いをしてきたが、課題が解決した後には、すぐに新しい課題が見つかる。だからこそ経営は楽しく、ワクワクするのかもしれない。

新しいメニュー

　あるクライアントさんは、人医療の医師の方との交流が深い。このクライアントさんは、医療の検査メニューや治療メニューなどに対して、素早く情報をキャッチアップされる。また、人医療の検査、治療メニューから派生し、動物に対して出来たメニューの情報も素早く取り入れられる。最近もアンチエイジングに対する検査をいち早く導入された。技術や知識が高まり、メニューが増えることが経営にも良い影響を与える。事実、このクライアントさんも10％以上伸びている。

経営コラム

後押し

　不景気ということで、投資や攻めの姿勢を躊躇することが多い。ある分院開発を考えているクライアントさんに、「なかなか決めづらいことを、藤原さんは後押ししてくれる」という言葉をいただいたが、いろいろな方も後押しをしてくれる人が必要なのではないだろうか？

　守りを重視してしまいがちだが、新業態開発や分院開発、採用までチャンスが溢れている時代だ。

咀嚼

　あるクライアントさんは、難しい専門用語や術式などを分かりやすく説明して下さる。その方は、こちらの知識レベルをきちんと想像してくれる。なぜ想像できるか考えたが、別業界の友達が多いからかもしれない。自然に自分たちの特殊性を認識しているのだろう。

期待感

　クライアントさんの一部では最近、本院移転や分院開発が本格化している。院長は忙しくなるが、前向きな忙しさなので表情も明るい。また、スタッフも「発展していく」という期待感で明るく、イキイキしている。小さなことでもいいので、期待感を持たせるような活動を実施したい。

先を見越す

　あるクライアントさんは順調に成長しているが、来年の最悪の状況を見越して様々な手を打っている。売上アップの方策はもちろん、経費の圧縮に対しての下準備を行なっている。ただ、スタッフとの意識乖離がある。スタッフの中の数人が先を見越すことができるようになれば、強い病院が作れると感じる。スタッフも頭では分かっている。実感まで持ち上げることが重要であり、最も難しい。

心ない一言

　相手の立場や感情を想像しない言葉でモチベーションが下がる。口頭でのやりとりなら反論もできるが、メールだと反論する気力がわかない。今週、2人の院長から上記のような相談を受けた。不景気から、刺々しくなりやすい。ダイレクトコミュニケーションを大切にして、前向きで明るい雰囲気を作りたいものである。

再整理

　ある専門学校に調査分析のプレゼンテーションを行った。強みを整理し、課題を抽出した結果、的を射たアドバイスができて、クライアントさんも納得してくださった。皆が感じていることだが、整理され納得すると改革がスピードアップする。再整理することにより、このクライアントさんは上昇傾向になると感じた。

第11章

クレーム対応力をアップする!!

Point!
1. 動物病院はクレームと隣り合わせの業種である。
2. 若い世代は危機や危険に対する想像力が低下している。
3. クレーム対応では「逃げない」ことが前提になる。

1. 動物病院はクレームと隣り合わせ

　動物病院は、クレームが発生する可能性が高い業種です。ルーチンワークで人との接点がないような業種とは異なり、動物病院が多くの飼い主さんと出会い、獣医師や動物看護士という「人」が関わってくる業種だからです。

　医療や接遇という「目に見えない」サービスを提供し、対価をもらうという特性は「認識のレベル差」が発生しやすいという特性があります。提供する側が100％だとしても、提供された側が50％しか価値を感じないという場合もあります。そのギャップが大きくなれば、クレームが発生するのです。この差をなくすことが、最も大切です。しかし、現実的にはすべての飼い主さんとの「認識のレベル差」を0にすることは不可能です。やはり「クレームは発生する」という認識からクレーム対策を考える必要があります。

　また、クレームを発生させ損害賠償金をもらおうという、心ない人がいるのも事実です。景気後退している昨今、多くの方が収入減に困っています。動物病院は比較的好調な業種として認識されています。人医療の医師や病院と同じような収入をイメージされている方も多数いらっしゃいます。動物病院側に悪いところがなくても、クレームを持ち込む方も多々いらっしゃいます。クレームから訴訟問題になったときに頼れる弁護士の方を確保しているクライアントさんも多数いらっしゃいます。

　動物病院は「生命」と対峙している業種です。クレームと隣合わせの業種ということはぜひ、認識してください。

2. クレームに対する危機管理

　クレーム処理に関するテクニック論は多々ありますが、テクニックの前に重要なものは危機管理能力を高めることです。この危機管理能力を高めることは、想像力を高めることと連動します。「以前こんなクレームがあったから、このままだったらまた発生するかもしれないな」というような想像力です。実は、最近の若い人たちは危機や危険に対する想像力が低下しているといわれています。幼少の頃から大人が用意

した安全な環境で育ってきたため、予想外のけがをしたケースが少ないといわれています。最近では公園の遊具なども安全性が高い器具に入れ替わり、些細なけがをすることも少なくなっています。そこで、大切になるのは実際に起こったクレームなどを蓄積して皆にそのケースを伝えていくことです。何度でも事例を繰り返し教えることで、潜在意識に刷り込まれます。とっさのときにきちんと行動できるようにしていくことが必要です。

以下がクレームを蓄積するシートの例です（**図1**）。日々のクレームを記録し、一覧表にしている動物病院様もあります（**表1**）。

また、ケーススタディを用いてクレーム対応をイメージすることもあります。以下がケーススタディ例です（**図2**）。

クレーム対応シート				
氏　名			担当者名	
住　所			電話番号	
発生日	年　　月　　日　　時　　分頃			
クレーム内容				

発生状況	
状　況	
原　因	
担当スタッフ	

クレーム対応シート	
対応日時	年　　月　　日　　時　　分頃
処理内容	

備考

院長　　担当者

【図1】クレームを蓄積するシートの一例。

【表1】日々のクレームを記録した一覧表の例。

No.	氏名	記入者	住所	電話番号	発生日	カルテNo.	内容
3	aさん	藤原	大阪府○○−	○○○−○○	2010年7月24日 午前10時	1063	以前神戸で処方されていた＊＊＊＊＊は1,700円だった(当院は高めだった)。
4	bさん	藤原	大阪府○○−	○○○−○○	2010年7月24日 午前中	1291	先週注文したフードを間違えてオーダーしたようで、次回(土)までに不足するので購入に来る。

No.	状況	原因	担当スタッフ	対応日時	処理内容
3	他の犬の治療のついでに薬の購入	当院の予防薬の薬価は、高めの設定になっている。	山田	2010年7月24日 午後3時	院長と相談して、薬の種類・効能の違いを説明する事にした。
4	注文いただいたフードと異なるフードをオーダーした	多頭飼育(3頭)でそれぞれ異なったフードを食べている。さらにそのうちの1頭は2種類の処方食を食べているため飼い主さんも当院も混乱してしまった。	佐藤	2010年7月24日 午前	在庫があるのでご自宅までのお届けを提案したが、翌日飼い主さんが来院して購入することになった。多頭飼育の飼い主さんには特に注意を払うようにスタッフ間で確認した。

クレーム内容

　Aさんは年齢3カ月の猫を飼われています。そのときは呼吸器の病気で来院されました。診察した結果入院が必要だと判断し、その日はそのまま入院しました。

　この病院はドクターが24時間勤務をしていない病院であり、そのときの担当獣医師は、24時間の勤務体制でないことを飼い主さんに伝えたつもりでした。

　翌日になり担当した獣医師と違う獣医師が対応した時、夜間はスタッフがいないことにはじめて飼い主さんは気付いたようでした。

　継続入院が必要でしたが、人がいないということで飼い主さんが不安になり、転院を希望しました。そのときは入院が必要な重篤な状態だったにもかかわらず、点滴などもせず簡易的と思われる処置しかしていませんでした。

　その飼い主さんは激怒し、近所の動物病院に転院しました。さらに悪い事に、クレームの事実確認の電話を担当した獣医師が行ったときに、転院先の病院の悪い評判をつい伝えてしまいました。

　飼い主さんは激怒し、「じゃあどこにいったらいいのか？ いまさらそんなことをいわれてもどうすればいいのか？」とさらに感情的になってしまいました。

1. なぜ起こったのか

2. 対処の問題点

3. 改善策

【図2】クレームのケーススタディの一例。

3. 逃げないことから始まる
　クレーム対応

　クレーム対応では、「逃げない」ことが前提です。しっかりと話を聞き状況を把握することがクレーム対応のスタートになります。そこから対応を考え実施していくことになるのです。最初に逃げてしまうと状況が把握できなくなり、客観的な対応が難しくなります。

　ただしクレームを言ってくる飼い主さんの中には感情的になっている人も少なくありません。そのようなクレームをおっしゃられる飼い主さんに対応するときのテクニックをいくつか列挙します。

(1) こころに寄り添う接遇用語を使う

　不快な気持ちを察して寄り添うようなスタンスで対応します。待ち時間に対するクレームだと「待ち時間が長くて、イライラしたと思います」など相手の気持ちを汲んだ言葉を使います。

(2) 言葉を添える

- 「ご迷惑をおかけします」＋「お体はだいじょうぶでしょうか？」
- 「お時間をいただいてもよろしいでしょうか？」＋「ぜひ、お話を伺わせてください」などと飼い主さんに話しかける

(3) 感じたことを視覚で訴える

- アイコンタクト
- あいづち
- オウム返し
  「困った」→「困られたのですね」
  「悔しかった」→「悔しかったのですね」
- 気配り

(4) メモをとる

　これは、きちんと聴いていることを視覚で訴えることと、忘れないことの2点の効果がある。

(5) 話す早さを意識する

相手の話すテンポに合わせる。
- →クレームを言う自分のリズムに乗れない相手には腹が立ちやすい。
- →早口になりすぎたときは、「繰り返しますと……」といい内容を確認する。

　このようなテクニックからクレーム対応に臨むこともあります。しかし、テクニックだけでなく相手の気持ちを汲み取りながら、病院の一員としての毅然とした態度で対応することが大切だと考えます。

4. 動物病院クレーム
　ケーススタディ24

　クレームになるパターンには、大きく分けると8つのパターンに分かれます。

(1) 獣医師の説明不十分によるクレーム
(2) 確認不足によるクレーム
(3) 対応不備によるクレーム
(4) 伝達ミスによるクレーム
(5) 治療不信によるクレーム
(6) 説明不足によるクレーム
(7) 死亡時に関するクレーム
(8) 手術に関するクレーム

　これらのクレームに対するケースを一覧で記載します。参考にしてください（表2～9）。

【表2】(1) 獣医師の説明不十分によるクレーム。

大項目	クレーム主訴	原因	対処
①治療	・病理検査結果の報告の際、結果のみを伝えられた。そのため、病気の詳細、今後の治療方針などの具体的な説明がなく、病理検査結果を見て自身で勉強するしかなかった。	・検査結果だけでなく、治療方針の示唆が不足していた。	・飼い主と治療方針の合意。「ちゃんと治ります」など完全完治すると受け取られる語彙を使用しない。
②入院	・依頼書の説明をきちんとされておらず、内容に対して疑問に思った。（金額、蘇生の有無、電話希望の確認）	・依頼書の項目の説明不足。	・依頼書の記入漏れがないか、受付、動物看護士、獣医師でそれぞれきちんと確認する。
③診察の相違	・獣医師によって診察の内容が異なる。 ・消毒の回数を一日3〜5回と言われ、実施したら耳の皮がはがれた。それを伝えると多すぎるから、1〜2回と言われた。	・消毒の回数を減らす方向で治療を進めると伝えた際、前回の診断を否定する表現をしてしまった。そのため、獣医師間で言っていることがまちまちになり、不信感を抱かせてしまった。	・治療や処方、その他含めて、計画を変更する際は「変更する理由」「経緯」等をふまえ、説明する。

【表3】(2) 確認不足によるクレーム。

大項目	クレーム主訴	原因	対処
④薬の処方	・処方された薬が間違っている。	・処方量を変更した際、PC入力を間違い、処方薬を誤った。	・薬棚の薬剤名の見易さ、分類の仕方、似た名前の薬を混同しない工夫する。 ・PC入力確認の徹底。入力をコピーしない。 ①カルテ確認の際、不明なら処方者に確認をする。 ②調合しようとする薬がカルテと同じかどうか確認。 ③説明しながら飼い主さんと一緒に確認する。
⑤ワクチン	・ワクチン証明書が他人のものであった。また今回は8種接種していたが、9種接種になっていた。	・確認ミス・説明不足。別の動物の誤った情報を、誰が入力したか確認しないでそのまま消した。	・ワクチンの種類に関しては、変更点があった際は必ず伝える。
⑥在庫	・依頼している在庫がない。	・フィラリア予防注射、予約の記録漏れ。 ・通常、郵送している飼い主さんの「フード」を郵送ではなく、来院と勘違い。	・常連の方で「病院と飼い主さんの間での決まりごと」ができている場合などはスタッフ間で情報を共有する。

【表4】(3)対応不備によるクレーム。

大項目	クレーム主訴	原因	対処
⑦言葉遣い	・受付、電話での言葉遣いや対応が悪い。	・会計の支払いの確認を電話で行う。その際、飼い主さんが未払いであると疑った態度・言葉遣いで対応した。 ・タメ口調であった。 ・女性に対する言葉遣いへの配慮がかけていた。(精巣と言い伝わらなかったので「たま」と伝えたこと)。 ・質問に対して「曖昧表現」を使用した。 ……等	・常連の方であっても謙虚に対応する。 ・相手の立場に立った対応をする。 ・曖昧表現を使用しない。
⑧気遣い	・注射で暴れた飼い猫に飼い主さんが咬まれ、傷口が悪化し3日の通院が必要になった。	・猫が咬んだ際、傷口を水で洗っただけで消毒をしなかった。そのため飼い主さんの傷が悪化し3日の通院が必要になった。	・動物のみでなく、飼い主さんにも気遣いする。
⑨連絡	・妊娠で「頭数確認」「産道等の確認」が診察で分からず、後で「電話連絡をする」との約束をしたが、連絡がなかった。予定日やお腹の子供達の状況など具体的な回答がなく不信感を抱く。	・回答の遅さ、自信のない回答。 ・電話報告を怠ったこと。	・新人であれ、未経験であれ自信のない対応をすると不安感を抱かせる。できない、分からないことは他のスタッフに伝え、次に何をするかを考え即対応する。

【表5】(4)伝達ミスによるクレーム。

大項目	クレーム主訴	原因	対処
⑩予約	・検査預かりで入院予定であったが、当日来院するとスタッフが把握していなかった。	・PCカルテにのみ書き込み、オペ帳、ホテルカルテに何も書き込まなかった。	・PCカルテのみでなく、オペ帳やホテルカルテにも記入する。 ・困難な場合、口頭、または書面化し他のスタッフに依頼する。
⑪治療	・気になる点(傷)を伝えたものの、その後説明されていなかった。	・飼い主さんの要望をカルテに記載せず、スタッフに伝わらなかった。	・手術の術式だけでなく所見や飼い主さんの要望も記載。
⑫薬処方	・電話で依頼した薬が一種類無く、同じ説明を2度も繰り返した。	・スタッフ間の連絡ミス、また内部確認の欠如ですぐ飼い主さんに連絡してしまった。	・自分が担当していない飼い主さんに対する連絡ミスが発生した場合、まず病院内での担当者を確認する。その後、飼い主さんに確認する。

【表6】(5) 治療不信によるクレーム。

大項目	クレーム主訴	原因	対処
⑬治療	・レーザー治療中に暴れ、その後異変。レーザー治療の際に何かされたのではないか。	・レーザー治療後の異変からの治療不信。 ・レーザー治療を飼い主さんから離れたところで実施したため、暴れていなかったが、ガラス越しに暴れていると飼い主さんが解釈した。	・犬の特徴を踏まえ、今後飼い主さんの前でレーザー治療を行う。 ・飼い主さんから離した方がよい場合については、事前に飼い主さんに話して治療する。
⑭様態の改善	・診察、処置したのに様態が良くならない。	・治療後、予後の確認不足。 ・現状の様態に対する説明がなされなかった。	・現状把握をして、別の治療を提案した。
⑮処置後の不信	・外耳炎の処置後、耳介が反った状態で返され元に戻らず、対応に疑問。	・耳の処置後、耳介が反った状態のままにしておいた。	・処置後も丁寧な対応をしなければならない。

【表7】(6) 説明不足によるクレーム。

大項目	クレーム主訴	原因	対処
⑯獣医師説明忘れ	・トリミング後、耳に異常を感じ病院に確認すると外耳炎と言われた。当日は説明がなかった。	・外耳炎の説明を忘れた。その旨をスタッフに伝達しなかった。	・カルテに記載。メモを入れる。 ・伝達を怠らない。
⑰ワクチン後	・トリミング予約を入れていたのに、当日ワクチンを打っているのでトリミングできないと言われた。	・ワクチン接種後の説明不足。	・今後ワクチン接種の際、気をつけなければならない事をきちんと伝える。
⑱ホテル	・預かってもらっていたが、迎えに来たところ病院が閉まっており、その後連絡も無く勝手に入院扱いにされた。	・迎え時間に病院からの連絡を怠った。	・ホテルの預かり・お返し時の注意事項リーフレットを作成。それを基に説明した。

【表8】(7) 死亡時に関するクレーム。

大項目	クレーム主訴	原因	対処
⑲お悔やみ	・事前に、ショック状態になると亡くなるかもしれないという説明がなかったこと。 ・診察中のショック死によるお詫びの電話もなかった。	・触診時に固まった膝の関節を曲げようと強い力を入れたときにかなりの激痛が走ったらしく、そのままショック状態になって亡くなってしまった。ショックでの突然死による謝罪が足りなかった。飼い主さんはその後、ペットロスになった。	・電話で話をし、訪問もして謝罪した。 ・日頃からペットロスに関する本を読み、飼い主さんの気持ちを察することができるようにした。
⑳ホテル時の管理	・預かり中にペットが死亡。返された薬をみると予定より半錠残っていたので、きちんと飲ませたのか不信に思った。	・カルテの読み間違い。それによる処方量の間違いがあった。	・誰が見ても分かる記載方法を心がける。
㉑急死	・急死。事前に死亡する可能性があるとの説明がなかった。	・心臓病や腫瘍の場合には突然死もありうる可能性をきちんと伝えておらず、飼い主さんが困惑した。	・突然死が懸念される病気にかかっている動物の飼い主さんには、その旨を事前に伝えておく。

【表9】(8) 手術に関するクレーム。

大項目	クレーム主訴	原因	対処
㉒金額説明	・手術で入院。預けた時に聞いた値段と実際にかかった金額があまりにも違いすぎる。 ・毎日伝えてもらう金額がバラバラで間違いが多い。 ・治療経過の話も獣医師によってばらつきがある。	・術前の金額提示と、術後の金額請求が異なった。 ・獣医師によって提示する金額等が異なった。	・預かり時にはっきりとした値段はなるべく提示せず、ある程度の幅を持たせて説明。またその金額は患者さんの状態の変化に伴い、超えてしまうこともあることを理解してもらう。 ・毎日金額を伝える必要のある患者さんには、電話の前に入力を確実に終わらせ他の獣医師、もしくは受付に確認をしてもらう。
㉓手術の有無	・手術に同意して手術をしたものの、もう少し様子を見てほしかった。手術が本当に必要だったのかと後悔。	・手術前の話し合い不足。疑問や不安感を抱いたまま手術に同意。その疑問が晴れないまま手術をした。	・術前に話し合いを重ねる。金額の合意をしておく。
㉔手術日の間違い	・手術の予約日違い(2/5の予約であったが、飼い主さんは2/1と主張)。	・飼い主さんとの確認漏れ。	・担当医を調整して2/2に手術した。

第 12 章

対談

1. 保久　留美子
   (北海道旭川市・緑の森どうぶつ病院)

2. 和田　勝子
   (大阪府豊中市・ノア動物病院)

3. 柴田　由起
   (愛知県知多郡阿久比町・清水動物病院)

対談1

保久 留美子（やすひさ るみこ）さん
飼い主さんのお困りごとにマルチに対応できる
プロフェッショナルを目指して

■ やりたいことを病院がバックアップ

藤原 今日は緑の森どうぶつ病院の保久さんに、お話を伺いたいと思います。保久さんは、この病院に就職される前は、どのような仕事をされていたんですか？

保久 私は、この病院に勤める前は、北海道ではなく、東京に住んでおりました。そのときはドイツ銀行の証券部門で働いていました。

藤原 もともとは、この動物病院に通う犬の飼い主さんだったんですか？

保久 そうです。

藤原 以前とまったく違う業界で働こうと思ったきっかけは何だったのですか？

保久 きっかけは犬のしつけでした。もともと北海道に来る前に、犬のしつけ教室に通っていました。こういう世界もあるのだということを知って、漠然と興味を持っていたのですが、当時はそれを仕事にすることなんて全然考えていなかったのです。

その後、北海道に移り住み、知っている人が誰もいない中で暮らし始めました。そうしたときに一番最初に友達になったのは、犬の飼い主仲間だったんです。その中にはしつけなどに悩んでいる方がとても多くて……。

私はしつけ教室に何年か通っていたので、私にとっては特に難しいことでもないことでも、知らない方が多くいらっしゃいました。そういう方達にお答えしているうちに、何といいますか、教えていくこと自体が、とても楽しいと感じられてきました。

そんなときに、私がしつけ教室に通った経験があることをたまたまご存知だったこの動物病院の院長の奥さんが、「うちの病院でしつけ部門を少し広げていきたいから、よかったら働きませんか」と声をかけてくださったのがきっかけで2002年10月に入社しました。

藤原 今年で9年目になりますね。職場になじめず辞めてしまう人が多い業種ともいわれる動物病院の中で、9年、10年勤められている方はなかなかいないと思うのですが、長く勤務し続けることができた理由はありますか？

保久 おそらく私の場合は、自分がやりたいことや興味があることをさせて頂いているということが、続けられている一番大きな理由だと思います。

藤原 興味があることというのは、どんなことですか？

保久 ひとつは犬のしつけ教室です。最初この病院に入ったときは、しつけのインストラクターとしてのスキルも完全に持っているわけではありませんでした。ですから主に受付業務をしながら、子犬の社会化を促すためのパピークラスを開催していました。現在はしつけの資格を取り、しつけ教室の企画から運営、そして実際に教えることもしています。また、最近では犬の高齢化が進んでいるので、今年の春から、高齢犬教室というのも始めました。

藤原 こういったことをするに当たって、院長はどのようなバックアップをしてくれるのでし

ょうか？

保久 セミナーに参加したときなどにさまざまなフォローをして頂いています。住んでいるのが北海道の旭川ですから、新しいことを始めたくても情報がなかなか入ってこないのが現実で、新しい情報を得るには東京まで行かなくてはなりません。それにはやはり病院のバックアップがなければ、個人ではできない部分が大きいと思っています。院長も企画室長のH氏も、二人とも、私がやりたいということは、叶えさせて下さるというので、私はとても恵まれたすばらしい環境のもとにいます。

■7年半かけて難関資格を取得

藤原 先ほどしつけの資格とおっしゃいましたが、保久さんは、JAHA（公益社団法人日本動物病院福祉協会）の資格を取られたのですよね。正式な名称を教えてください。

保久 JAHA認定の「家庭犬しつけインストラクター」です。

藤原 なかなか持っている方がいらっしゃらない資格だと伺ったのですが？

保久 北海道では、今回私が初めて認定を頂きました。

藤原 勉強はどのくらいされていたのですか？

保久 資格が取れるまでに、なんと7年半もかかっています。

藤原 なるほど……。どうして7年半もかかったのですか？

保久 はい。その理由としては、座学だけ、レポート提出だけということだけでは先に進めない資格だからです。実際に、自分の犬をトレーニングした上で、設定されている試験を受けて合格させ、さらにその子を連れて、私の場合は犬と共に飛行機で本州まで行き、5日間次々に課題が出されるトレーニングキャンプを一緒に

■**保久 留美子**（やすひさ るみこ）**プロフィール**
公益社団法人JAHA（日本動物病院福祉協会）認定家庭犬しつけインストラクター、米国ペットトレーナーズ協会認定CPDT-KA、日本ペットカウンセラー協会認定パラカウンセラー、日本アニマルウェルネス協会認定ホリスティックケアカウンセラー等の資格保有。現在、北海道旭川市にある緑の森どうぶつ病院でマネージャーとして勤務。「寄り添う診療」をポリシーとしている病院の中で、常に"飼い主さん目線"で考えられるようなスタッフを育成することを目標としている。また動物とその家族双方に心身両面のケアを提案・提供するため、動物の行動学に基づいたトレーニングをベースに、食事・サプリメントのアドバイスやカウンセリングに精力的に取り組んでいる。

クリアーしないと上がっていけません。そういったシステムなんです。さらにそのトレーニングキャンプが開かれるのは2年に1回しかないのです。

藤原 え、そうなのですか！？

保久 はい。それもあって、時間がかなりかかってしまいました。

藤原 でも、それでも取りたいという気持ちが強かったんですね？

保久 はい、それはもう！　病院にはいろいろなバックアップをして頂いてましたし、当然期待されてました。正直なところ、それに対するプレッシャーも……。ですから今はほっとしています（微笑）。

■認められることでやる気がアップする

藤原　やる気とプレッシャーは表裏一体なところがあるような気がするのですが、保久さんの場合、モチベーションが上がるときはどんなときですか？　例えば何か院長に配慮して頂いて、モチベーションが上がったということはありますか？

保久　やっぱり、褒めて頂いたことが一番かもしれません。要は、認めて頂くことですよね。評価してもらうこと。その評価は、時には、良い評価でないときもあると思うんですけれど。

若い頃は良くない評価をされたことでモチベーションが下がったこともありました。でも、今は、良くても悪くても、"評価をしてもらえることは、見ていてもらえるということだ"と理解できたので、私は大事に育ててもらっているなという気持ちが強くなりました。

藤原　そうですよね。無視されるのが一番やっぱり辛いですね。

保久　ええ、そうですよね。

藤原　スタッフは院長に関心を持たれないことで、モチベーションが下がるというケースがありますからね。やはり認められるというのが、一番大きなモチベーションの原点でしょうね。

保久　はい。それと、とても漠然としたことですが「こういうことを習ってみたいな、自分の知識として欲しいな」という気持ちを大事にすることです。

例えば高齢犬のことや、手作りご飯、サプリメントなどについて、飼い主さんにいろいろ相談されることがあります。でも、すべての疑問に答えられるわけではありません。答えられないから、それを調べて、次の機会に答えます。こうしたことを繰り返していったらとても充実感が得られたのです。逆に、答えられなかったから、これも調べなくちゃ、あれも調べなくちゃ、っていう気持ちが、次にやりたいことの形となって現実的に見えてきます。そんな私の気持ちに対して適切な病院のバックアップがあって、実現できました。私の場合には、本当に恵まれているのだと思います。やりたいことを止めることなく、「やっていいよ」と、後ろから背中を押してもらえましたので。

藤原　なるほど。個人として進みたい方向性に対して、病院側も同じベクトルで応援してくれているという感じのようですね。

■高齢犬セミナーを開催

藤原　高齢犬のセミナーの内容は、どのようなものですか？

保久　大きく分けて、セミナーと教室のふたつを行っています。

セミナーは座学、レクチャーですので、飼い主さんへのお話です。大きい流れとしては、現在高齢犬で介護が必要な寝たきりの犬に関しての話があります。一方、まだ若い犬の飼い主さんに対しても、将来高齢犬になったときに困らないようにする為に、予防的な知識をお伝えしているものもあります。

教室は犬同伴で行います。内容としては例えば「おむつ」に関することがあります。普通は、必要にせまられてからおむつをします。そうすると、飼い主さんも慌てますし、犬自身もすごいストレスを感じるのです。ですから、2～3歳の若いうちから、遊び感覚でおむつを付けて慣れさせます。そうするとわんちゃんに、おむつを付けることが嫌なことじゃないという意識を植え付けていくことができます。飼い主さんも手早くできるようになりますよね？

このほか、病気の発見やコミュニケーションのためのマッサージ教室も行っています。

最近では、人と同じく認知症になる子が結構増えています。病気のせいで食に対する執着心がものすごく出てしまった場合に、その執着心をどうやって回避するかということを、ゲームを使って行ったりします。教室は我慢させて無理やり行うのではなく、わんちゃんと一緒に楽しんでやって頂くというスタイルにこだわっているつもりです。

それからもう一つ大切なことがあります。私自身も高齢犬の介護をした経験があるので分かるのですが、介護に直面するとひどい孤独感に陥ります。これは介護している飼い主さんがみな感じてらっしゃることではないでしょうか。だからこそ今、高齢犬と暮らし、特に介護生活に入っている飼い主さんには、同じ気持ちを抱えている飼い主さん同士のネットワークがとても必要だと思います。ですから、こういう教室に来てもらうことによって、「私だけじゃない」とか、「私の気持ちを同じレベルで分かってくれる人達がいる」という実感を持つことが、大切なことだと思っています。教室の最後は必ずミニお茶会になって、私も交えて飼い主さん同士がお話をする、そんな展開で行っています。お互いに集まって話をするのも、この教室の目的です。

藤原　そういった企画自体も、保久さんが考えてされているのですか？

保久　はい。そうです。

■獣医師だけではカバーできない部分がある

藤原　これからは景気も悪くなっていきます。今までは、ドクターを主体として病院の収益が成り立っていたと思うのですが、これからは、動物看護士やスタッフを含め動物病院全体がチームになっていき一体化するのが重要だと思っています。

そこで質問したいのは、先ほどの勉強会やセミナーの参加費です。飼い主さんからお金は頂いているのですか？

保久　はい。有料とさせて頂いていますが、それが収益に結びついているかというと、直接は結びついていないと思います。一番始めにうちの病院で始めた教室は、子犬のためのパピークラスでした。その目的は、病院にいらっしゃる方から「この病院は子犬のしつけにもちゃんと対応をしている病院だ」という評価をして頂くことでした。ですから、そこから収益を上げようとは考えませんでした。

高齢犬教室に関しても、参加費は頂きますが、正直な話、人件費を考えたらきっと赤字だと思います。ではどうして続けているのか？　それは「病院には、獣医師だけではカバーができない部分がある」と認識しているからだと思います。治療は獣医師が行いますが、飼い主さんの本音や悩みを聞いたりするのは、時間の制約がある獣医師にはなかなか難しいのが現状です。ですからそういった部分にこそ、動物看護士や受付が積極的に参加できたらいいですよね。セミナーや教室には、獣医師ができないところを補う「チーム医療」の小さなスタートという意味があるのです。教室開催がすぐに目に見える収益を生んでいるとは思えません。しかしこういうサービスをすることによって、最終的には収益となって返ってくると考えています。

藤原　保久さんの勤めている病院が、このような景気の悪いときでも伸びているのは本当に一体化しているからなんですね。

■スタッフ育成が今後の目標

藤原　最後に、保久さんが、これからまたチャレンジしたいというのがあれば、教えて頂きたいのですけれども。

保久 そうですね。私個人が目指しているところは「子犬から高齢犬まで、その子と飼い主さんが幸せに暮らし続けるために、病気を治す獣医療以外のところ全ての面に対してサポートできる存在でありたい」ということです。

目下の具体的な目標は2つあります。ひとつは、薬膳を取り入れた動物の食を考案することです。もうひとつは、しつけインストラクターの育成です。このインストラクターというのはしつけができるだけではなく、食事指導から高齢犬介護まで、飼い主さんのお困りごとにマルチに対応できるプロフェッショナルな人材です。ですから人間力が必要ですね。私自身これからもまだまだ学び続けていかなければなりません。ですが、それと同時にこれからの将来を担ってくれるスタッフを育てていくことをしてみたいです。また、獣医師や看護士、受付の研修教育にかなりの時間をさいています。今後は、マネージャーとして「スタッフにとって、また飼い主さんにとって"より良くするため"にはどうすればよいか」ということを考えていくつもりです。

藤原 保久さん自身の目標と、病院の目標や方向性が一致していることが素晴らしいですね。組織である病院が個人を全面的にバックアップすれば、病院としての強さも出てくるし、個人のモチベーションアップにも繋がっているのだと思いました。ぜひこれからも頑張ってください。

保久 ありがとうございました。

対談2 和田 勝子（わだ かつこ）さん
自分なりに考え，飼い主さんの心のケアを
大切にする気持ちを持ち続ける。

■人との出会いが活力になる

藤原 今日はノア動物病院勤務の和田さんにインタビューをしていきたいと思います。
和田さんの入社はいつ頃ですか？

和田 専門学校卒業後すぐですので、今年で18年目になります。

藤原 18年というのは私が知っているクライアントさんのスタッフの中で一番長いですね。

和田 そうですか？ でも、何回か辞めようと思ったことはあります。

藤原 それはどのようなときでしたか？

和田 勤務しはじめて最初の3カ月目くらいに、院長から「君は向いていないようだね」といわれました。その後自分で犬を飼うことがきっかけとなり気持ちが立ち直り、やる気が出たのです。けれども、ここ4年くらい愛犬の病気や死などいろいろなことが重なり、精神的に辛くなってしまい、もうこれ以上仕事を続けるのは無理ではないかと思ったり、また周りに言われたりしていました。

藤原 でも働きはじめて3カ月目で院長に向いてないようだと言われ、それでもずっと病院で働き続けるなんて、すごいですね。

和田 そうですね。もともと私はドンくさく、要領の悪い人なので周りのスタッフや獣医師の先生方がすごく助けてくれたのだと思います。動物看護士として働き始めてまもない頃、いろいろ悩んでいた時期に他院の女性獣医師の先生と親しくなりました。その先生にこの仕事を続けるべきかどうかを相談したのです。そうしたら、1年も経っていないのに辞めるなんて良くないって言われました。

藤原 そこから、なんだかんだで18年ですよね？ ここまで長く勤務できた理由としては、どのようなことがあるのですか？

和田 最初就職してからしばらくは動物看護士として向いてないと言われておりましたが、一方で自分の勝気な性格もあって、「何とか頑張りたい」という思いもありました。それに私は理数系が苦手で、薬剤量などの計算がすごく苦になり大変でした。今でも計算は苦手です（笑）。でも向いてないのなら向いてないなりに、苦手なことでもできる範囲でやれることをやろうと思いました。また、嫌なことばかりではなく、自分にとってプラスになり、楽しいこともたくさんありました。例えば犬をはじめとした動物が大好きなので、院長の勧めもあって、就職して6年後に、ラブラドールレトリーバーを飼うようになりました。そうしているうちにまた院長に勧められて、行動学の先生やインストラクターの先生方と、さらに深く知り合うことになりました。

藤原 それでは飼われた犬が、いろんな人との縁を取り持ってくれたということでしょうか？

和田 はい。行動学の先生とも親しくさせて貰い、他の動物病院の看護士さんとか、さまざまな人との出会いがありました。

藤原 いろいろなことがあったと思いますが、18年間の紆余曲折の中で、モチベーションが上

■和田 勝子（わだ かつこ）プロフィール
　大阪府豊中市のノア動物病院に勤務。病院で開催していたしつけ教室に参加し、それがきっかけで、しつけや動物行動学に興味を持つようになる。動物行動学の尾形庭子先生に師事し、北摂夜間救急動物病院主催の子犬教室のスタッフとして院外活動も行うなど経験を積み、ノア動物病院でパピークラス、ジュニアクラス、しつけカウンセリングなどのしつけアドバイザーを担当している。自身の愛犬の闘病生活、死を経験し、改めて"ペットロス"の重要性を感じ、飼い主さんの心のケアを考えるようになり、ますますしつけや、病気、老後のケアに対する重要性を認識するようになる。現在は毎日の動物看護士の仕事に励みながら、しつけや動物行動学はもちろんのこと、高齢犬のためのマッサージやリハビリなども勉強中である。

がらなければ、そんなに長く続けていけないと思うのです。18年間ずっとでなくても、その都度その都度でやりがいがあったと思います。例えばどのようなときにモチベーションが上がったのでしょうか。

和田　そうですね。動物看護士として、飼い主さんの犬が元気になって帰ったり、「本当にありがとう」と言われたり、「本当にあなたがいて助かった」とか、「あなたが居てくれたからお話ができた」とか、「ほっとした」という声が返ってきたときに、もうちょっとがんばろうという気になりますね。それに、私が言ったことに対して、飼い主さんがすごく嬉しそうに応えてくれ、私がいてくれて良かったって言ってもらえることが、すごく力になっています。

藤原　飼い主さんからのお褒めの言葉とか？

和田　そうですね。私の存在も、必要なのかなと感じられることですね。

藤原　お金だけじゃなく、飼い主さんから信頼されたり感謝されることですね。

■心のケアで飼い主の定着を促進

藤原　私はこの4、5年、ノア動物病院さんにコンサルテーションさせていただいていますが、和田さんは、病院の戦力になっていらっしゃるという風に感じていました。

和田　普段から職場で売り上げを増やす工夫を考えるようにいわれています。そこで看護士という立場で自分なりに考えまして、しつけ教室の開催とか、飼い主さんの心のケアを大切にする気持ちを持ち続けようと思いました。病気の治療は獣医師の先生方にお願いするのですが、それに加えて心のケアを意識すれば、飼い主さんが定着して来てくれると思いました。またさらに口コミなどの紹介も増えると思います。

藤原　しつけ教室ではどんなことをされているのか詳しく教えてください。

和田　今は、はじめて犬を飼った方のために子犬の育て方、しつけの仕方、問題行動を起こさない為の土台作りの話をする子犬クラスを行っています。その後、希望される飼い主さんにはジュニアクラスという形で、引っぱり、とび付きの問題、コミュニケーションの取り方、といった内容のクラスを担当しています。

藤原　それは、有料でしたよね？　確か、以前パンフレットをみせて頂いたことがありますが、飼い主さんからはどのくらいいただくのですか？

和田　大体1,500円くらいですね。

藤原　1,500円くらいだと結構集まりますよね？

和田　そうですね。こちらからパンフレットを渡したりとか、電話での勧誘をしたりして、来てほしいなぁという方には、極力アピールしています。

藤原　ここからまた、後5年、10年と頑張っていかれると思うのですが、今後チャレンジしていきたいことは、どんなことでしょうか？　教えてください。

和田　基本的には、動物看護士の仕事を続けていきたいと思います。インストラクターの方にはいろいろ勉強させてもらっています。自分の犬をしっかり育てているつもりですけど、うまくいかないこともあります。自分の飼っている犬の問題を解決していきたいという気持ちがあります。

　また、最近犬に対して、ドッグマッサージとかリハビリとかアロマとか、いろいろ注目されているトピックがあります。そういったものもセミナーなどを通して勉強して、引き出しをたくさん持ちたいと思います。そうすれば、自分自身のレベルアップにもなるし、認定資格などがあると、病院でも飼い主さんからの信用がすごく上がります。勉強は大変なのですが、やはりチャレンジし続けたいと思います。

藤原　今日、インタビューさせてもらった通り、モチベーションとしては、自分の存在価値を認められるというところを自覚されていることだと思います。モチベーションを上げながら、病院の経営、売上にも貢献したいと言うところから、自分で導きだしたのがこの答えなのだなというのがよくわかりました。ぜひこれからも先生方を支えて、がんばってください。

和田　こんなに長く働いたのですねぇ（苦笑）。自分で勤務した数字を意識したとき、思いを新たにしました。

藤原　言い換えれれば、18年間があっという間だったってことですね？

和田　そうですね。それに、本当に皆さんが助けてくれました。動物看護士やしつけの仲間、獣医師の先生方に、すごく恵まれたという思いがあります。この場を借りてお礼を申し上げたいです。

藤原　これを読まれる方には、ぜひ和田さんの、他人に対する感謝の思いを感じて頂ければと思います。どうもありがとうございました。

和田　こちらこそありがとうございました。

対談3　柴田　由起（しばた ゆき）[旧姓 厚味] さん

目の前のことを真剣に行い、一日が過ぎるのが早く、
気がついたら12年が過ぎて……

■飼い主さんの笑顔がやる気の源

藤原　今日は清水動物病院の柴田さんにインタビューしたいと思います。
僕が初めてお会いしたのは、2001年でしたからもう10年くらいになりましたね。柴田さんはいつ頃入社されたのですか？

柴田　12年前の10月です。

藤原　12年前だと1998年10月ですね。ではお会いしたのは、働いて3年目くらいだったのでしょうか？

柴田　そうでしょうね。気がついてみれば本当に入社してずいぶん長くたちましたね。

藤原　学校を卒業して、そのまま今の動物病院で働いたのですか？

柴田　いいえ。名古屋近辺で動物看護士を目指していた同年代の方なら分かると思いますが、当時は「マッキー国際学院」の動物看護士を養成する専門学校の学生でした。けれども学校が、ちょうど2年生の前期の時倒産してしまったのです。

藤原　それでこの病院に就職したのですか？

柴田　はい。実は1年生の時から実習で動物病院を何件か回っていて、2年生では就職活動もしていたので、ある動物病院で内定を頂いていたのです。しかし卒業していない動物看護士さんを採ったことがないからいったん考えさせてほしいと言われました。正直戸惑いました。しかし専門学校が倒産して数日後、その学校の講師として教えていらした院長の知り合いの先生が、動物看護科だった学生達を学校の近くの公園に集めました。その場で先生に、まだ就職が返答待ちとなっている状況を相談しましたら、「そんなところへの就職はもう辞めてしまえ！」といわれました。そして次の日くらいに自宅に電話がかかってきて、「ここの動物病院に電話をしなさい」とおっしゃいました。そういった経緯でご紹介を受けて、電話をかけさせて頂いたのが、この清水動物病院です。

藤原　そうなんですか。電話をかけてきたのは面倒見の良い先生だったんですね。

柴田　自宅に電話がかかってきましたので何事かと思いました。数年後院長から、私の就職は最初の先生から頼まれた訳ではなく、その先生が勤めていた動物病院の別の先生にお願いされたと聞きました。そんなやりとりが私の知らないところで行われていたことに二度ビックリしました。本当に私を紹介して頂いた先生方に感謝しています。

藤原　なるほど。そんな縁があって、この動物病院に勤められたのですね。

柴田　面接からはトントン拍子でした。動物病院に行ったら、院長も決断力のある方で、「やる気があるなら明日から来て」といわれ、次の日から出勤しました。

藤原　慌ただしく就職したんですね。

柴田　そうですね。当初自分が考えていたのとは違って思いがけない方向に進んでいきました。

藤原　そこから12年以上、結構長く勤務されて

いますが、やはり勤務し続けている理由は何ですか？

柴田 そうですね。理由と言われてもなかなかまとまらないですが、まず動物達が好きなことです。そして動物の飼い主さんもすごく温かい人が多くて好きです。さらに勤めているスタッフの人達も好きです。こういったことが原点です。また、仕事をしていて、自分が元気をもらったりだとか、自分がやっていることに価値があると思える時があります。動物看護士をやっていて良かったと思う瞬間が、何度もあります。

藤原 それは、褒められるときや認められる時にですか？

柴田 そうではないですね。治療によって動物が治ってゆくときが、うれしくて、そして一番好きな瞬間です。

藤原 退院していくわんちゃんやねこちゃんを見送るときでしょうか？

柴田 そうですね。でも、それだけではないのですよ。動物病院では、二つの喜びが同時にあるのです。わんちゃんやねこちゃんが、けがや病気から治っていく喜びに比例して、飼い主さんも明るくなるのですよ。すごくうれしそうな表情をされていて、それを見ると、こちらも嬉しくなって……。その瞬間がたまらなく好きなのです。

藤原 なるほど。動物達が治って元気になっていくことと、同時に飼い主さんも元気になっていく姿が、自分を一番やる気にさせるのですね。

柴田 そうですね。

■院長の期待が成長のきっかけに

藤原 今回インタビューさせて頂くに際して、一つ伺いたかったことがあります。失礼ながらお聞きしますが、私の印象では柴田さんが大きく変わった気がします。

■**柴田 由起**（しばた ゆき）（旧姓厚味）プロフィール
1998年清水動物病院に動物看護士として入社。現時点で12年以上勤務。（その中で、体調不良で休みを頂いた事は5日間ほど）。院長を始め院内スタッフに助けられ、飼い主さんに良くして頂いたおかげで気が付けば長く勤めたと思っている。2010年結婚。その後もいまの好きな仕事を続けている。12年以上勤めてはいるが、動物達や飼い主さんに少しでもお役に立てるよう、技術面・知識面、また細かいところを配慮できるように、今よりもっともっと成長していきたい気持ちである。

昔、同僚にKさんという方がいらっしゃいましたよね。Kさんがいらっしゃった時と、退職された後で柴田さんの「しっかり度」がすっかり変わったように思います。すごくしっかりしたなと私には感じられたのですけれども、何か心境の変化などがおありだったのでしょうか。

柴田 そうですね。藤原さんが最初に動物病院に来て頂いたとき、Kさんと私の二人が動物看護士として働いていたと思います。数ある仕事内容の中で、Kさんの得意分野、私の得意分野があって、Kさんの得意分野は彼女に任せてしまおうと頼っていた部分が多かったのです。自分はそんなに頑張らなくてもいいや、と（苦笑）。正直、彼女に甘えていました。

藤原 今だから言えることですね。

柴田 業務の中でこの分野は、「私はがんばらなくていいや」みたいなところがありました。

藤原 なるほど。自然に頼るところがあったけ

れど、Kさんがいなくなり頼れなくなったということで、変わっていったわけですか。

柴田　これは、自分ががんばらなければならないと、頼れる人はいないと思ったからでしょうか。その他に頼りにしていたM先生も少し後に退職されています。

藤原　それで、さらにしっかりしなきゃと思って、変わっていったのですね。

柴田　多分そうだと思います。そしてやるしかないという状況もありました。院長が私の仕事内容に制限を付けず、自分の思うようにさせて頂けたことも大きいのです。また、院長が私を信頼して頂いていることを感じ、期待に応えたいという思いが芽生えた事も大きいと思います。

藤原　今は動物看護士の仕事もしながら、飼い主さん向けのセミナーを開いたりされていますね。読者の方が病院のホームページをみて頂ければ分かりますが、しっかりしたテキストを作られていると感心しました。

柴田　でも、あれは皆さんにいろいろと協力してもらったものですし、自分一人だけの力だけではできなかったと思います。また、開催した後で反省点も出ているので、まだまだだと思っています。

藤原　現在の業務はどのような感じなのですか？

柴田　そうですね。レジや受付対応、入院の子たちの管理、手術の助手、保定、検査、などをしています。

藤原　在庫管理も以前から行っていますよね？

柴田　今は、早退させて頂く場合もあるので、業者さんからの納品が遅い場合など、その日のうちの在庫管理ができなくなってしまいます。そのため、今は同僚のTさんが在庫管理を行っています。

藤原　ほぼ同じくらいの使用量と思われますが、仕入れ金額が一年間で100万円くらい安くなりましたよね？　びっくりしました。その辺はみんなで一生懸命努力された結果だと思いますが。

柴田　その時はNさんに在庫管理を任せていました。様々な雑務がある中で、他の雑務はせず、在庫管理者としてそれだけに集中してもらいました。その結果、ジェネリック医薬品を仕入れ、同時に無理な購入をするのを止めることができました。まとめ買いをする際は過去のデータを元に、仕入れの量をスタッフの中で話し合ってから決めるようにしたからでしょうか。

藤原　みんなが経営に参加されている意識を持っているのですね。持ち回りの勉強会はすごく質が高いし、「やらされている感」がないようにみえるのです。先日私が、飼い主さん向けのセミナーを月1回しましょうという提案をしました。柴田さんは興味がある食事のことを「食育」というタイトルを付けて行いましたが、2カ月くらい勉強されていましたよね。

柴田　はい、そうですね。自分では、興味のある分野ではあったのですけれども、知識としてはきちんとしたものがなかったので、本当にほとんどゼロの状態からでした。本による勉強をしたり、ネットで調べたり、食事療法のセミナーに出席したりして学びましたね。

藤原　セミナーを開催して、良かったことはなんですか？

柴田　そうですね。もともとアットホームな雰囲気の動物病院だとは思いますが、より飼い主さんに提供するものができたという感じがします。また今まで知らなかったことを知ることができたので、今後、手作り食に興味を持たれた方に、細かくアドバイスできるかなと思います。

藤原　セミナーを拝見していましたが、終わっ

た後、多くの飼い主さんが、先生の方ばかりでなく、柴田さんにもよく質問に行っていました。そういう意味では、ドクターばかりでなく、動物看護士の柴田さんは、ペットの健康に役立つ分野のプロとしてみられているのかなと思いました。

柴田　そう思って頂けるとうれしいですね。

藤原　質問の行列ができていましたね。活き活きしていましたよ。

柴田　ありがとうございます。あの時は、テンションが上がっていましたね。楽しいセミナーにしようと意気込んで話していましたから。

藤原　食事をいろいろ作る実習もやりながらでしたから、難しかったのではないですか？

柴田　そうですね。あのセミナーで一番大変だったのは、食事を作ってお見せするということを取り入れたからなのです。そうしないと退屈ですし、分かりやすくしたいという思いがありました。ただ、あまり早く作ると腐ってしまうので、前日か前々日に、一回分の量だとかおやつだとか、お見せするものをすべて作りました。それが大変でした。その前に、テキストを作らなければならないこともあり、時間に制約があって大変でした。

藤原　今回のセミナーが終わりまして、次にチャレンジしたいことはどのようなことでしょうか？

柴田　特に今、チャレンジしたいという大きな目標というものはありません。ただ、あらゆる事を今よりもっと良くしたいという思いがあります。例えば、受付の対応にしても、保定にしても、ひとつひとつが、今より良くできるのではないかと思っています。ですからいつも考えながら、その都度少しでも自分を高めていきたいというのがあります。

藤原　分かりました。特にこれという決まった分野がないにしても、どんどん新しいことに気付き取り組んで、日々成長することを実感して頂いているようです。今後のご活躍を期待いたします。

柴田　ありがとうございます。藤原さん、長く勤務している理由がまだありました。一番大きい理由かもしれません。勤めていると、毎日が本当に早いのですよ。

藤原　充実しているんですかね？

柴田　多分そうです。自分ができること、目の前にあることをやっていると、本当に一日が過ぎるのが早くて……。気がついたら12年以上が過ぎていた、といった感じです。

藤原　一生懸命、目の前のことを、きっちりしていたってことですね。年齢的には初めて出会ったときとあまり変わってないといえば変わってない感じですが、本当にしっかりしましたね。

柴田　そうですか？　ありがとうございます。嬉しいです。さまざまなことを考えて経験して、ちょっとは成長しているのかなと思います。

経営コラム

クリエイティブ

トイストーリーなどを制作しているピクサーは、クリエイティブな時代は幼少の時期だと考えている。仕事の中に遊びの要素を取り入れたり、リラックスできるよう解放感のある環境を作ったりしている。確かに子供は、新しいことを作ろうという欲求や疑問を感じる感性が強い。動物病院でもゲーム性を持たせた企画やイベントを計画するときが、スタッフはイキイキしているように感じる。医療ではいつも楽しいだけでは不謹慎かもしれないが、バランスよく楽しさも感じるようにしていくことが大切だと思う。

品質

「品質こそ、最高のビジネスモデルである」という言葉がある。やはり商品、サービスの質が最も大切である。この質を磨くことはとても大切である。次の段階は、この質をどのように収益にしていくかである。質からの収益への展開はビジネスモデルとして成立するためには不可欠になる。質を高めることを出発点に、展開していくことを考えたい。

生い立ち

院長の生い立ちから獣医師になったきっかけ、どのようなポリシーを持っているか等、文書化している。飼い主さんとの関係性が大切な時代だが、自己開示している院長はまだまだ少ない。診療時間だけでは、パーソナルな情報は発信出来ない。信頼関係を早く作るためには、個人としての結びつきも大切になる。「パーソナルブランディング」も大切な経営手法である。

近未来予想

よくいろいろな院長から、どのように経営手法を考えて現場に適用しているのか質問される。経営手法を考える際に、考えているのは直近の現象と近未来予想である。社会動向、飼い主さんの変化、ペット業界と動物病院業界、他業界事例という切口から現象を整理し、近未来を予想している。この切口からセミナー開催も考えている。大きな視点から経営を考えたい。

新しい視点

先日、リハビリテーション病院のコンサルティングを行った。一年程、プロジェクトメンバーとして活動しているが、今回新しいメンバーが加わった。新しいメンバーから意見を吸い出していくと、今までにない視点から新しいアイディアが湧き出てくる。経験がある分、既存メンバーからの意見は固定的なものが多くなる。新しい切り口は、経験と巧くからめば非常に良い方策を生む。入ったばかりだからこそ、見える面もある。ぜひ、入社間もない人からも意見を吸い出してもらいたい。

付録-1

スタッフのための
漢字チェックテスト

「第3章　社会人としての教育　5. 携帯電話・パソコンの弊害」において、スタッフのための漢字チェックテストを紹介しています。

　この付録－1で、さらに多くの漢字チェックテスト例を紹介します。日常の業務において手書きの書類はかなり多くあります。とまどうことなく正確な漢字で書けると、時間の短縮にもなり、飼い主さんの評価も高くなります。

　ぜひみなさんで病院の手書き書類を点検し、お互いに自分達の病院に合った問題を作成・テストし、採点し合ってください。

スタッフのための漢字チェックテスト
パート1 基礎編 （60問）

文章の下線部を引いてあるカタカナを漢字に直しましょう。

■ わんちゃんの<u>ヒニン</u>・<u>キョセイシュジュツ</u>をするかを飼い主と<u>ソウダン</u>する。
　　　　　　　 1　　　 2　　　　　　　　　　　　　　　　3

■ この<u>コイヌ</u>は、<u>ゲンキ</u>で<u>ショクヨク</u>もある。
　　　 4　　　　 5　　　 6

■ <u>ダツモウ</u>や<u>ケダマ</u>が多いわんちゃんのお<u>テイ</u>れをする。
　 7　　　　 8　　　　　　　　　　　　 9

■ <u>テンテキ</u>を<u>アタタ</u>める。
　 10　　　　 11

■ トリミング後にマダニ・ノミ駆除薬を<u>テキカ</u>する。
　　　　　　　　　　　　　　　　　　 12

■ アレルギーで<u>ヒフ</u>の<u>エンショウ</u>が<u>アッカ</u>した。
　　　　　　　 13　　 14　　　　　 15

■ <u>ニョウロケッセキ</u>のわんちゃんが<u>ニュウイン</u>した。
　 16　　　　　　　　　　　　　　　 17

■ <u>オウト</u>と<u>ゲリ</u>の<u>ショウジョウ</u>が見られるわんちゃんの飼い主さんに<u>モンシン</u>をする。
　 18　　　 19　　 20　　　　　　　　　　　　　　　　　　　　　　　 21

■ <u>ケンコウシンダン</u>をするため<u>アズ</u>かったわんちゃんに、<u>コウモンセンシボリ</u>も行う。
　 22　　　　　　　　　　　　　 23　　　　　　　　　　 24

■ <u>ツメ</u>や<u>ミミ</u>から<u>シュッケツ</u>がないかを<u>カンサツ</u>する。
　 25　　 26　　　 27　　　　　　　　　 28

■ <u>メ</u>を<u>イタ</u>そうにしているので<u>テンガンヤク</u>を<u>ショホウ</u>する。
　 29　 30　　　　　　　　　　　 31　　　　　 32

■ <u>ガイジエン</u>の<u>ショチ</u>で来院したわんちゃんが<u>フル</u>えている。
　 33　　　　　 34　　　　　　　　　　　　　　 35

■ <u>テイキテキ</u>な<u>シセキジョキョ</u>が<u>ハ</u>の<u>ケンコウ</u>には重要だ。
　 36　　　　　 37　　　　　　 38　 39

■ <u>ケツエキ</u>と<u>ニョウ</u>と<u>ベン</u>の<u>ケンサ</u>をする。
　 40　　　　 41　　　 42　　 43

■ <u>シュヨウ</u>を<u>サイハツ</u>したわんちゃんの<u>カンブ</u>について<u>セツメイ</u>する。
　 44　　　　 45　　　　　　　　　　　 46　　　　　　 47

■ <u>ホケンジョ</u>への<u>トウロク</u>の<u>ショウメイショ</u>を<u>カクニン</u>する。
　 48　　　　　　 49　　　 50　　　　　　　 51

■ <u>カユ</u>みを<u>カンリ</u>するため<u>ナイフクヤク</u>を準備する。
　 52　　　 53　　　　　　 54

■ <u>ニンシン</u>したわんちゃんが<u>テイオウセッカイ</u>で<u>シュッサン</u>した。
　 55　　　　　　　　　　　 56　　　　　　　　 57

■ <u>カンジャ</u>・飼い主と<u>ジュウイシ</u>と<u>カンゴシ</u>のチームワークが大切である。
　 58　　　　　　　　 59　　　　　 60

パート1 基礎編
<解答>

お疲れさまでした。隣の人と交換して採点してください。
忘れてしまった漢字を分からないままにしないよう、繰り返しチェックすることが大切です。

(1　避妊)
(2　去勢手術)
(3　相談)
※(4　小犬または子犬、仔犬)
(5　元気)
(6　食欲)
(7　脱毛)
(8　毛玉)
(9　お手入れ)
(10　点滴)
(11　温める)
(12　滴下)
(13　皮膚)
(14　炎症)
(15　悪化)
(16　尿路結石)
(17　入院)
(18　嘔吐)
(19　下痢)
(20　症状)

(21　問診)
(22　健康診断)
(23　預かった)
(24　肛門腺絞り)
(25　爪)
(26　耳)
(27　出血)
(28　観察)
(29　眼)
(30　痛そう)
(31　点眼薬)
(32　処方)
(33　外耳炎)
(34　処置)
(35　震えて)
(36　定期的)
(37　歯石除去)
(38　歯)
(39　健康)
(40　血液)

(41　尿)
(42　便)
(43　検査)
(44　腫瘍)
(45　再発)
(46　患部)
(47　説明)
(48　保健所)
(49　登録)
(50　証明書)
(51　確認)
(52　痒み)
(53　管理)
(54　内服薬)
(55　妊娠)
(56　帝王切開)
(57　出産)
(58　患者)
(59　獣医師)
※(60　看護士または看護師)

※病院で使用する文字を統一しておきましょう。

スタッフのための漢字チェックテスト
パート2　臨床検査編　（60問）

文章の下線部を引いてあるカタカナを漢字に直しましょう。

- ハコウがみられカンセツのダッキュウがあるかもしれない。
  1　　　　　　2　　　　　3
- セイケンソシキのケンビキョウ検査がもっとも正確である。
  　4　　　　　　　5
- 身体検査に欠かせないチョウシン。
  　　　　　　　　　　6
- シンデンズ検査とハケイの見方が大切。
  　7　　　　　　8
- 身体検査ではショッカク、チョウカク、シカク、キュウカクが大切。
  　　　　　9　　　　　10　　　　　11　　　12
- シンオンをチェックしシンパクスウを測定する。
  　13　　　　　　　　14
- ガイインブではハれ、ブンピツブツ、ニオいをチェックする。
  　15　　　　16　　　17　　　　18
- コッセツやガイショウはないだろうか？
  　19　　　20
- 口の中のシセキおよびシニクの検査の準備をする。
  　　　　21　　　　　　22
- ガンキュウ各部の観察は大切。ケツマクやカクマクをスリット円盤で観察する。
  　23　　　　　　　　　　　　　　24　　　　25
- ガンアツ測定はリョクナイショウの診断に重要。
  　26　　　　　27
- ガイジエンの耳でジコウが観察される。
  　28　　　　　　29
- ジキョウを用いてコマクを観察する。
  　30　　　　　　31
- オウカクマクからコカンセツまでのX線撮影。
  　32　　　　　　33
- チョウオンパ検査のホジョを行う。
  　34　　　　　　35
- ナイシキョウ検査でゼンシンマスイの準備をする。
  　36　　　　　　37
- 血液トマツヒョウホンの観察と検査を習慣とする。
  　　38
- ギョウコケイスクリーニング検査の準備をする。
  　39
- コツズイの検査の補助をする。
  　40
- ビセイブツの検査の準備をする。
  　41
- サイケツの準備をする。
  　42
- ハッケッキュウやケッショウバンの変形を防ぐ知識が必要。
  　43　　　　　　　44
- エンシンキのカイテンスウを上げる。
  　45　　　　　46
- サイシュされたビョウリソシキがカンソウしないように手早く行う。
  　47　　　　　　48　　　　　　　49
- キセイチュウ感染やアレルギーシッカンの検査をする。
  　50　　　　　　　　　　　51
- 犬のタマネギによるチュウドクの血液像をみる。
  　　　　　　　　　52
- 単球の増加はエンショウシキの存在をシサしている。
  　　　　　　53　　　　　　　　54
- うさぎのコウチュウキュウはコウサンキュウに類似するカリュウを持つ。
  　　　55　　　　　　56　　　　　　　　57
- チュウシャキ及びチュウシャシンはサイケツリョウ、血管の太さなどによって選択する。
  58　　　　　　59　　　　　　60

パート2　臨床検査編
<解答>

お疲れさまでした。隣の人と交換して採点してください。
忘れてしまった漢字を分からないままにしないよう、繰り返しチェックすることが大切です。

(1　跛行)	(21　歯石)	(41　微生物)
(2　関節)	(22　歯肉)	(42　採血)
(3　脱臼)	(23　眼球)	(43　白血球)
(4　生検組織)	(24　結膜)	(44　血小板)
(5　顕微鏡)	(25　角膜)	(45　遠心器)
(6　聴診)	(26　眼圧)	(46　回転数)
(7　心電図)	(27　緑内障)	(47　採取)
(8　波形)	(28　外耳炎)	(48　病理組織)
(9　触覚)	(29　耳垢)	(49　乾燥)
(10　聴覚)	(30　耳鏡)	(50　寄生虫)
(11　視覚)	(31　鼓膜)	(51　疾患)
(12　嗅覚)	(32　横隔膜)	(52　中毒)
(13　心音)	(33　股関節)	(53　壊死組織)
(14　心拍数)	(34　超音波)	(54　示唆)
(15　外陰部)	(35　補助)	(55　好中球)
(16　腫れ)	(36　内視鏡)	(56　好酸球)
(17　分泌物)	(37　全身麻酔)	(57　顆粒)
(18　臭い)	(38　塗抹標本)	(58　注射器)
(19　骨折)	(39　凝固系)	(59　注射針)
(20　外傷)	(40　骨髄)	(60　採血量)

パート2参考文献：動物病院検査技術ガイド（チクサン出版社）

スタッフのための漢字チェックテスト
パート3　動物行動学など（60問）

文章の下線部を引いてあるカタカナを漢字に直しましょう。

- <u>ハイセツ</u>とマーキングおよび<u>ハカイ</u>行動を説明する。
  　　1　　　　　　　　　　　　2
- <u>トウソウ</u>と<u>ホえ</u>について行動修正を考える。
  　3　　　4
- 子犬には<u>ホニュウキ</u>と<u>リニュウキ</u>がある。
  　　　　5　　　　　6
- チョコレートは犬に有害で<u>オウト</u>や<u>ゲリ</u>、<u>コンスイ</u>の原因になる。
  　　　　　　　　　　　　7　　　8　　　9
- 犬や猫は<u>カラミ</u>や<u>ニガミ</u>に対する感覚が<u>ニブ</u>い。
  　　　10　　11　　　　　　　12
- <u>タトウシイク</u>は<u>セッショクリョウ</u>を増加させる要因となる。
  　13　　　　14
- 愛猫があちらこちらで<u>ハイニョウ</u>する。
  　　　　　　　　　　15
- <u>アマ</u>がみ、<u>かみグセ</u>などの問題行動がある。
  　16　　　17
- <u>ドウキョ</u>する犬同士で<u>ショウトツ</u>や<u>キンチョウ</u>が<u>ヒンパン</u>に起こりますか？
  　18　　　　　　　19　　　　20　　　　21
- <u>チョウオンパ</u>や<u>フカイ</u>な音の出る<u>クビワ</u>は、犬にとって<u>ケンオ</u>的となる。
  　22　　　　23　　　　　24　　　　　　　25
- 見知らぬ人には<u>ケイカイシン</u>が強く、やや<u>オクビョウ</u>なイビザン・ハウンド。
  　　　　　26　　　　　　　　27
- 猫や<u>コガタ</u>の犬を追いかける<u>シュウセイ</u>のあるグレーハウンド。
  　28　　　　　　　　29
- 物静かで<u>ドクリツシン</u>が強く、飼い主には<u>チュウジツ</u>な柴。
  　　　30　　　　　　　　　　31
- <u>ジュウジュン</u>であるが<u>ビンカン</u>で<u>ボウゴセイコウドウ</u>も示すピレニアン・マスティフ。
  　32　　　　　　33　　　　34
- <u>イセイ</u>が良く<u>シハイセイ</u>が強いジャイアント・シュナウザー。
  　35　　　　36
- <u>オヨ</u>ぎと<u>モグ</u>りにおいて、たぐいまれな<u>ノウリョク</u>を持つポーチュギーズ・ウォーター・ドッグ。
  　37　　38　　　　　　　　　39
- <u>ニンタイリョク</u>と<u>ユウカン</u>さをあわせ持つグレート・ピレニーズ。
  　40　　　　　41
- <u>シゲキ</u>に対して<u>ハンノウ</u>が強く、<u>イッパンテキ</u>な<u>カツドウセイ</u>が高いトイ・プードル。
  　42　　　　43　　　　　44　　　　45
- 明るく<u>アイキョウ</u>があり、<u>トカイジン</u>のコンパニオンのキング・チャールズ・スパニエル。
  　　　46　　　　　47
- <u>ダイタン</u>で<u>カッパツ</u>な性格のワイマラナー。
  　48　　　49
- <u>ユウコウテキ</u>で良い<u>ゴエイケン</u>にもなるケリー・ブルー・テリア。
  　50　　　　　51
- かつては<u>テンケイテキ</u>な<u>シエキケン</u>であったスムース・フォックス・テリア。
  　　　52　　　　　53
- <u>ガイカン</u>は恐ろしそうだが<u>スイナンキュウジョケン</u>に適しているニューファンドランド。
  　54　　　　　　　　　55
- ベルギーでは最も人気の高い<u>ケンシュ</u>であるブリュッセル・グリフォン。
  　　　　　　　　　　　56
- <u>ジソンシン</u>が強く、<u>ガンコ</u>な性質を持つベルジアン・グリフォン。
  　57　　　　　58
- <u>シュンビン</u>で活動性が高く、遊び好きな<u>ボクヨウケン</u>のオーストラリアン・ケルピー。
  　59　　　　　　　　　　　　　60

パート3　動物行動学など
<解答>

お疲れさまでした。隣の人と交換して採点してください。
忘れてしまった漢字を分からないままにしないよう、繰り返しチェックすることが大切です。

（1　排泄）	（21　頻繁）	（41　勇敢さ）
（2　破壊）	（22　超音波）	（42　刺激）
（3　逃走）	（23　不快）	（43　反応）
（4　吠え）	（24　首輪）	（44　一般的）
（5　哺乳期）	（25　嫌悪）	（45　活動性）
（6　離乳期）	（26　警戒心）	（46　愛嬌）
（7　嘔吐）	（27　臆病）	（47　都会人）
（8　下痢）	（28　小型）	（48　大胆）
（9　昏睡）	（29　習性）	（49　活発）
（10　辛味）	（30　独立心）	（50　友好的）
（11　苦味）	（31　忠実）	（51　護衛犬）
（12　鈍い）	（32　従順）	（52　典型的）
（13　多頭飼育）	（33　敏感）	（53　使役犬）
（14　摂食量）	（34　防護性行動）	（54　外観）
（15　排尿）	（35　威勢）	（55　水難救助犬）
（16　甘がみ）	（36　支配性）	（56　犬種）
（17　かみ癖）	（37　泳ぎ）	（57　自尊心）
（18　同居）	（38　潜り）	（58　頑固）
（19　衝突）	（39　能力）	（59　俊敏）
（20　緊張）	（40　忍耐力）	（60　牧羊犬）

パート3参考文献：ドッグトレーニングパーフェクトマニュアル（チクサン出版社）

付録-2
動物病院業界短信

藤原スコープ 2

> 本付録は2009〜2010年に発信された著者の経営ブログ（藤原Scope）の一部を部分加筆してまとめたものです。

切り口

　ある動物病院のクライアントさんは、いろいろな切り口から診療科目を増やしている。スタッフの興味と技術習得、そしてヒラメキから新しい切り口を作っていく。しっかりとスタッフを把握し、かつ、時流やマーケットを見据えると切り口は無限になる。

ネット通販

　ネット通販の売上が百貨店やコンビニを抜いたという発表があった。昔は高額品などはネット通販で購入はしなかったが、最近はネット通販の信用も高まり、購入も伸びている。今後もどんどんと伸びて行くだろう。流通チャネルが変化し、消費動向が変わり、消費者の価値観が変化している。

情熱

　ある動物病院の方とお話しした。65歳を過ぎているが、新たな借り入れを起こし、大きな本院を作りたいということだ。情熱を持ってビジョンを話される。年齢よりも若々しい感じである。実現までは長い道のりかもしれないが、情熱がなくならない限り可能性はある。

接触頻度

　接触頻度と好感度は比例するという言葉がある。専門学校でも、3回以上接触した学生の出願率が上がるという調査データが出た。動物病院の場合もこれからは接触頻度を増やすきっかけを作れるかどうかが大切になる。なぜなら、好感を持たれない動物病院がかかり付けにはならないからだ。ホームドクタータイプの動物病院には「ちょっと立ち寄る」ためのメニューや雰囲気も必要になってきた。

少しの積み重ね

　あるクライアントさんでは、経費を200万円圧縮することができた。仕入れの無駄をなくすため、薬の発注方法などを検討した結果である。忙しさにかまけて薬の仕入れの見直しなどを怠っている方も多い。しかしちょっとした意識の積み重ねによって、経費は圧縮できる。利益を出す手段はまだまだある。今一度、経費圧縮に前向きに取り組んではいかがだろうか？

ターゲット

　動物病院のターゲットが変化してきている。今までのメインターゲットは子犬であった。それが、不景気により子犬が売れなくなり、高齢犬や猫、うさぎなどがメインターゲットになりつつある。この変化を「なんとなく」感じている院長も多いと思うが、実は、これは重要なことだ。「しっかり」認識しなければ、自分たちの臨床技術や経営手法が役に立たなくなる。飼い主さんは対象となるターゲットが必要とすることにお金を払ってくれるのだから。

画一化

　ドクターは経営に対して、興味を持ってないと考える人も多い。思い込みを持って画一的な話をするコンサルタントもいる。しかし、思い込みの枠を外すといろいろな可能性も出てくる。これは、インフォームドコンセントでも言えるかもしれない。患者さんはこうだという思い込みで説明すると、画一的な説明になりがちである。多様な価値観があることを念頭におかなければならない。

展開力

　ドコモが携帯電話の決済機能を活かして、自

転車のシェアリング事業を行うと発表した。まず札幌から実験的に始めるという。一見つながってないように見えるが、すべての要素が展開の中で線になっている。駅リンくんなど、環境に配慮できる自転車レンタルが伸びていることからも、面白い展開であると感じる。

広告宣伝

広告の費用対効果を把握しているだろうか？
あるクライアントさんと昨日、タウンページの広告宣伝費の振り分けを行なった。掲載地域と来院数、紙面コストを考え、違う広告媒体に振り分ける。まずは、年間で無駄なコストを削減し、浮いた分を時代にあったインパクトのある広告媒体に投資するという流れだ。広告宣伝費は、定期的に計測可能な媒体の効果を測らないと無駄になる。

キヨスクの進化

駅の売店であるキヨスクが変化している。ターゲットを女性に絞り、コスメを中心とした品揃えをしているキヨスクが池袋にある。明確に駅を利用する若い女性をターゲットにしているため、品揃えも分かりやすい。時間がなくてもコラーゲンが取れるドリンクなどを陳列している。「駅を利用」「20〜30代の若い女性」という2軸でセグメントした事例である。

退職金

定着率の良いクライアントさんから退職金の相談を受けることが多くなった。他の業界でも退職金に伴うコスト増が問題になってきている。従来の基本給連動方式だけでなく、ポイント制退職金などもある。これからの時代は転職が難しくなる。退職金も注意してみていきたい。

セグメント

経営戦略を立てるには、患者ごとの特性を分類し、その分類に合わせて訴求することが最も効率と効果が良い。しかし、多くの病院や動物病院は飼い主さんを分類できるデータを持っていない。このような場合、分類するための切り口からデータを再度収集することになる。その際、企画や訴求から分類することが効果的であるが、あまりこれを意識しない院長も多いようだ。どの程度のデータ分類が必要かイメージすることが大切である。データ収集だけで、戦略には活かせていない病院は再度考えたいものだ。

花開く時

あるクライアントさんの業績が好調だ。今月の昨年対比は170％になる。これは3年以上前から習得に力を入れていたホメオパシーなどの治療が、一定の成果をあげ認識された結果である。当初、これほど経営に対して効果があるとは予測しなかった。しかし、院長の信念が花開き、このような結果になっている。花開くときは未来かもしれない。しかし、信念を持って力を入れれば結果につながるのだ。

アイドルタイムのルール

ディズニーランドのゴンドラの販売員はアイドルタイム（お客様の来ない暇な時間）には、前を走っているモノレールの乗客に笑顔で手を振るらしい。暇なときでも緊張の糸を切らさず常にお客様に向かっている。自分たちの医院や病院では何かアイドルタイムで行えることはあるだろうか？ なければ、ルールとして決めることも重要である。緊張を維持すればミスや事故は起こりにくいものだ。

同じこと

　先日、成功しているクライアントさんから、「こんな時代だから、人と同じことをしていたらダメだよね」という言葉があった。このクライアントさんとは、先を見越していろいろな新しい切り口を実行してきた。今、どうしても守りに入り、二番煎じのことを実行したくなる。しかし、人と違うことを行い、パイオニアになることが本来は一番強い。最近の気風に負けず、新しい切り口を探し実行してほしい。

ライフスタイル

　ライフスタイルの多様化がマーケティングに変化を与えている。SORモデルやVALSモデルなどがあるが、要は従来の年齢や性別などを越えて、ライフスタイルごとに選別するということだ。自分たちの病院に来院する人たちの生活を想像したことがあるだろうか？　自院によく来院する患者さんのライフスタイルを想像すれば、対策は明確になる。ライフスタイルは多様化している。どれだけ早く、幅広くライフスタイルを想像できるかがポイントになる。

> *SORモデル……消費者をStimulus（刺激）、Organism（生活実態）、Response（反応）から捉えたもの。
> *VALSモデル……消費者のライフスタイルや価値基準を分析する手法、9つのタイプ（自己実現者、成功者、成功願望派、社会良識派、知性派、若手知性派、集団帰属者、生活維持者、生活困窮者）に分類。

無料からのつながり

　カミソリメーカーのジレットは、使い捨てカミソリを開発した際、無料サンプルを郵便局に配り、景品として消費者に流布させた。結果、替刃という収益力の高い商品が販売できた。無料の携帯電話なども同様に使用料を確保している。無料や割引などで、シェアを広げた場合、次にどのようにつなげるか考え、連鎖させなければならない。動物病院でも無料歯科検診を実施する病院は多いが、次に連鎖させることを設計している病院は意外と少ない。最近、特につながりを意識しないと、連鎖した収益メニューは購入してもらえない。

出発

　「企業の目的と使命を定義するとき、出発点はひとつしかない。顧客である」これはドラッカーの言葉だ。今から何か行動を起こすなら、これがポイントになる。病院内部に目が向き過ぎて、これをおざなりにするケースが増えている。やはり顧客である飼い主さんを見据えることができるかが、最も重要である。本当に大切なものをきちんと大切にできる強さを持ちたい。

決断力

　美容専門学校のコンサルティングでホームページの変更を提案した。一年間かけて作成した既存のホームページを再構築する提案だ。正直、今までのホームページがゼロからスタートすることに抵抗があると考えていた。しかし、トップはこれから先の戦略を、今までの努力やコスト以上に大切に感じ、全面リニューアルを決断した。トップとしての決断力は未来を見据えた想いの強さに帰属する。このクライアントさんは伸びると感じた。

次の一手

先日お話しした動物病院のクライアントさんはいつも次の一手を考えている。既存の枠にとらわれず、猫カフェの開発や海外進出など、戦略レベルでの次の一手もある。ワクワクしながら、次の一手を常にイメージすると、明るい未来志向になっていく。外部要因が不安定な時代だ。次の一手を常に考え、前向きな思考を持ちたい。

地域密着

福井県のサニーマートというスーパーマーケットは、地域密着をポリシーとしている。地場食材を使用しているだけではなく、地域の食文化の向上までをポリシーにしているという。地域密着という言葉はありきたりだが、どこまでのことをイメージし、実践できているだろうか？ 今年は、地域密着を今一度考えたい。

新年から企画作りが続いている。あるクライアントさんはバースデー企画を考えているが、プレゼントを熱心に全員で検討していた。女性らしく、プレゼントのラッピングも気持ちを込めていた。このように飼い主さんや動物たちに心を込めることが企画の原点である。

自発的な参加

年末にあるクライアントさんから支援日を変更して欲しいと連絡があった。

スタッフから、年間の企画スケジュールなどを一緒に考えたいので自分たちも時間が確保できる日にしてほしいという要望があったからとのことだった。今まで受け身であったスタッフが、参加の意欲を自発的に表してきた。これは、やはり小さな成功体験の積み上げと、期待していることを言葉でスタッフに伝え続けたことによる効果だと思う。翌年はきっと飛躍するクライアントさんであると感じた。

2010年の動物病院

今年の動物病院業界は変化を感じる。年末の来院数はそれほど伸びていないという。ボーナスの減少や、子犬が売れていないということも一因であろう。この変化に対応できるだろうか？ 日経ビジネスの案内には「2010年、すべて作り直し」という言葉が並んでいる。動物病院だけが、この言葉に当てはまらないとは思えない。作り直す勇気を持てるだろうか？ 勇気を持って変革を推進したい。

セブンイレブンエフェクト

百年コンサルティングの鈴木貴博氏の言葉に「セブンイレブンエフェクト」というものがある。コンビニエンス（便利）という付加価値を武器にセブンイレブンが高価格の品揃えで出店した結果、新しいマーケットを創造したという小売業に対する効果だ。最近、デフレにより低価格に視点が行く。しかし、それだけでは業界全体の衰退につながっていく。動物病院は自費診療である。高付加価値、高単価というメニューも重要な要素である。

テレフォンショッピング

テレビで商品を提供するテレフォンショッピングでは、おまけを付けた時の受付可能時間は10分程度の短い時間である。これは、視聴者の人数が多数で反響のボリュームが予測できるから可能となっている。また、時間を区切ることで人の行動を促し、反響が集中するためオペレーションも効率的になる。企画を行うとき、期限を決めていないケースも多々見受けられる。期限を設定することは、すぐに収益にならない

イベントでも大切である。情報を受け取る人数と反響予測から、期限設定を考えてもらいたい。

感謝

「感謝することは、感謝することを感じる力と比例する」と、あるコンサルタントが言っていた。その通りだと感じる。まず、感謝することに気付くトレーニングが必要である。気付く感性を高める教育システムを作ることも重要である。

評価

ある動物病院のクライアントさんとポイント制の退職金制度について話をした。そのときに、人が人を評価できるのかという話が出た。正直、これは難しい命題である。正確に評価することは、かなり難しい。しかし、評価しないことにはモチベーションが上がらず、コスト増になる危険もある。結局、評価する側とされる側の関係性しかないと思う。きちんとした姿勢で、評価に臨むことができるかが第一前提かもしれない。負の評価をレッテルにしない視点が、評価者にも必要である。

積極性

昨日クライアントさんのスタッフと今期の企画スケジュールを計画した。夜遅くなっても、スタッフは積極的にいろいろな計画を提示していく。この積極性はどこから発生しているか考えたが、この病院の場合は院長が好かれているように思った。病院は積極性が結果となって、昨年の12月は良い業績であった。

設計図

企画は設計図が必要である。飼い主さんを増やすための企画から、どのように啓蒙し、次への来院や高付加価値のサービスにつなげるかを設計し、それをスタッフに明示しなくては結果が出にくい。歯科や健康診断などイメージを持ちやすい企画から設計図作りを始めてほしい。

擬人化

動物たちの病気には、人と同じ病気がある。それを飼い主さんに訴求することが重要である。飼い主さんが何かしらシンパシーを感じることができるような表現が必要である。財布の紐が固い時代だ。飼い主さんに本当に響くように考えたい。

ターゲットの明確化

森永乳業の「黄金比率プリン」をご存知だろうか？ この商品はコンビニに立ち寄る男性をターゲットにして売れている商品である。売れている数種類のプリンの材料の比率を調査し、それをもとに論理的な比率で作ったプリンで隠れたヒット商品になっている。男性が論理的なものを好む傾向があるという視点からのアプローチである。また、パッケージも男性が買いやすいようにシンプルにしている。ターゲットが明確であると展開も決まってくる。動物病院でもメニューを訴求する際には、自院のどのような飼い主さんに対して訴求するかをイメージしなければならない。

効率

クライアントさんのダイレクトメールは外部依託してもらっている場合が多い。もちろん、コストと手間の理由が大きいが、依託することにより、スタッフに時間ができるためお勧めしている。効率的にすることに、効果を出す要素を付け加えることが大切である。

プロの思い込み

パナソニック電工の「アラウーノ」というトイレが売れている。これは、掃除をしなくても、自動の水流などで清潔に保たれるというトイレである。このトイレは有機ガラス系素材で作られており、陶器製ではない。当初、開発チームは陶器でないことが消費者に受け入れられるかどうか不安だったという。しかし、消費者調査ではトイレが陶器製であることを知らない人が多かった。トイレ＝陶器製品という常識はトイレ開発などプロとして携わっている人だけの常識だったのだ。このような思い込みは可能性を狭める。プロであるが故の思い込みを持っていないか自問自答したい。

保管率

動物病院向けに、今年のフィラリア予防を告知するダイレクトメール作成を検討している。景気動向から反響率も気になるが、飼い主さんに保管してもらえるかどうかも重要な要素である。保管率を上げるためにはクリスマスまで続く仕掛けや、忘れてしまいやすいが大切な情報などを掲載するようにする。このような不景気では、クライアントさんとの関係性を維持し、口コミを促進するためには、どのような業種でもダイレクトメールの保管率を上げることも重要な要素だと感じる。

ブランドリレーションシップ

ブランドリレーションシップとは「消費者の心の中に生まれるブランドとの関係に対する気持ち」である。この関係性においては、感情が最も強い結びつきを持つ。動物病院の場合も、この感情からの関係性が大切である。やはり、技術力だけでは病院との結びつきも弱くなる。飼い主さんの気持ちを想像して、対応することから感情に訴える対応は始まる。

力相応

飼い主さんを集める集客企画を実施する時、オペレーションとの連動が必要になる。増加した患者数に適切に対応し、さらにプラスできる内容を提供できるかということだ。フィラリア時期の企画は特に効率的で効果的な企画でなくてはいけない。内部の力や経営状態によって、検査を強くした企画なのか、物販強化した企画なのか考えなくてはいけない。

待ち時間の楽しさ

銀座のアバクロ（ファッションブランド）と煉瓦亭（老舗洋食店）に行ってきた。アバクロは新しいコンセプトを持っている。多々、新しい仕掛けはあるが、驚いたのは店内にクラブのような大音量の音楽が流れ、店員はそれほど接客せずに音楽に合わせて踊っていたことだ。店内は楽しい雰囲気で、自分もいつのまにか楽しい気分になっていた。

その後、明治から続く洋食店の煉瓦亭で食事をした。緩やかな空気が流れ、昔ながらの店内は懐かしい雰囲気があった。

隣の老夫婦は、「食事を待っている間もゆっくり話ができて、楽しい」と言っていた。隙間の時間や待ち時間が心地よく、楽しいことがとても重要に感じた。どちらも、平日にも関わらず大盛況であった。

生産性

一人のスタッフが稼ぐ売上（利益）を生産性という。動物病院でも、この生産性を高めなければならない。単純にいうと、仕事をしていない人をどのように減らすかということだ。その

ためには仕事を作り出さなくてはいけない。飼い主さんを集める対策だけでなく、訪問診療強化や診療時間の延長など単純に強化できることもある。また、一件当たりの診察時間を短縮し、提案による一件当たりの単価アップもある。生産性という意識を持たなければならない。

リスクを持つ

人気のアーティストにEXILEというグループがある。このグループは初代のメンバーが出資をしてプロダクションを立ち上げたという。会社のお金も無駄使いしないし、必要なことは全員で相談し、決めるという。これは、全員でリスクを持つため、一体化できる事例だと感じる。人気の秘密にはこんなところも影響しているのかもしれない。

シビアなプライオリティ

野戦病院でのプライオリティ（優先順位）は3つしかない。「治療しなくても生き残る」「治療しても助からない」「治療すれば、生き残る」の3つの判断軸で多くの急患を捌く。当然、3番目の「治療をすれば、生き残る」人の治療が優先順位の一番目になる。このように、危機迫る環境では、シビアな基準で優先順位が付けられる。日々の優先順位を付けることができないという人も多い。その人たちは、優先順位を付けようとしている事柄を本気で考えていないのかもしれない。優先順位を付ける前に、対象となる事柄に対して、真摯に向き合うことが必要である。

照度

当たり前だが院内には、照明が設置されている。この明るさを照度という。実は、高齢者は明るさを感じる力が弱くなっている。従って、照度が高くなければ見づらくなる。高齢犬を飼っている飼い主さんには、高齢者が多い。自院の照明が飼い主さんに適応した照度になっているか再検討したい。このようなことから、ホスピタリティは始まっている。

二極化

ハンバーガーショップのロッテリアがロッテの完全子会社になる。業績不振が原因だ。低価格のマクドナルドが75.4％、高価格のモスバーガーが14.2％のシェアを占め、業界で1位と2位である。どちらも、調子がいい。中途半端なポジションをとっている企業は勢いが落ちてきている。これは、業界を問わない現象である。

忙しいとき

先日ある院長と話をしていた。今、患者数が減少し、業績が思わしくない。新規の飼い主さんを確保する必要性があるが、ペットショップとの提携ばかりを模索してきた。いろいろなお話の中で自分たちで情報発信や経営努力をする必要性をお話しした。最後の方に「忙しいときに、既存の飼い主さんだけに対応して安心してきたツケが来ました」とおっしゃった。忙しいときほど、将来の対策をしなければならない。この方も次は同じ失敗はしないと感じた。

匠チーム

ユニクロではリタイアした腕の良い職人たちを組織化し、海外の工場に指導者として派遣している。これを匠チームという。高齢者のスキルを大切にしているいい例だ。動物病院では、年配のパートさんをスタッフとして雇用するケースがある。一生懸命働く人たちも多く、若いスタッフの良いお手本になっている。また、礼儀作法も参考になるとおっしゃるクライアントさんも出てきた。これも一つの匠かもしれない。

第六の窓

インスパイアの成毛眞氏によると、外部と交信する窓には、6つの窓があるという。はじめの5つは五感だ。見る、聞く、触る、嗅ぐ、味わうという五感を通して、外部と接触し、知識や知恵を吸収する。そして、6つ目の窓を読書と定義付けている。現在はもちろん、過去においても窓口になるという。このように定義すれば、読書は日々の生活の一部にすべき行為なのかもしれない。

不況でも売れる店

週刊ダイヤモンドに、この不況でも売れる店の特集があった。多くの店に共通することは、地域密着の顧客志向である。旬ではないことをきちんと告知するスーパーマーケットや顧客からのクレームをすぐに反映する店、徹底したローコスト経営で低価格を実現した店、田舎に出店したホームセンターなどもある。動物病院の経営においても、この原則は重要である。いかに自分たちの地域の飼い主さんを見据えることができるかが、経営の鍵になる。

動物病院での成果

スタッフは働くことで成果をあげなくてはいけない。動物病院の場合は、飼い主さんから支持されたり、命を助けたりすることになるだろう。ドラッカー曰く、成果をあげるには3つのことが必要であるという。貢献を考えること、集中すること、目線を高くすることである。この3つをスタッフに浸透させれば、成果は現れやすいのだ。

動物病院の1月

今月のクライアントさんの業績が出てきた。昨年より良い成績、悪い成績がある。悪い成績の方は捉え方によっては良いきっかけになる。今からフィラリアの予防接種という需要期に向かって昨年よりも本気になれるということだ。前向きに捉えられた院長は、ここから上昇する糸口が見えてくるだろう。2月も4日たった。どのような推進をしているか、自問自答したい。

動物病院のホームページ

昨日クライアントさんのホームページ作成の打ち合わせに同席した。本院と分院2つのホームページを違うコンセプトで立ち上げる。いろいろな手法がホームページにはあるが、根本はどのような動物たちをイメージするかが重要である。高齢なペットなど優先順位が高いペットの属性を、より具体的にイメージすると、これから、5年先につながるホームページが作れると感じる。

動物病院のネットワーク

動物病院の院長と学生の交流会がある。来月に初めて、その会に出席する。これは、動物病院の院長が主催する純粋な親睦会だ。今、ペットブームが終わり、動物病院業界、ペット業界が大きな影響を受けている。このような時代では、ネットワークを作ることはとても重要である。ネットワークを持つことによって、病院の規模以上のことができたり、経済的なメリットを生み出したりできる。例えば仕入れコストが下がったり、広域から飼い主さんを呼べたりすることが考えられる。自分たちが持っているネットワークを強く意識したい。

動物病院のダイレクトメール枚数

この時期はフィラリアDMの準備に入る時期だ。悩みの一つにDMの枚数がある。DMの切

り口には、最終来院日や予防の有無などがある。しかし、それだけで枚数を適切に設定できない場合もある。その際は、メルマガに登録しているなど情報収集意欲の高い人や所在地などから来院可能性が高い人を優先するなどの切り口も必要になる。これからは、切り口をたくさん持っている病院が、マーケティングの強い病院になる。

ツィッター

最近ツィッターを始めた（アカウント名fujishinkk）。これは、字数制限がある中で情報を発信し、リアルタイムでレスポンスがあるインターネットでのコミュニケーションツールだ。キャッチアップが早い動物病院の院長も始めている。まだまだ未知なツールであるが、先行して試みている院長は凄いと思う。つい5年前までは、ホームページの重要性の理解もあまり得られていなかった。予測は過去の延長だけではない。キャッチアップからの実行スピードが成否を決める。

祭りによる活性化

先日NPO法人を立ち上げて祭りをプロデュースしている人と話した。商店街の活性化のために地域密着の祭りを企画しているという。その人曰く、「祭りで無農薬野菜などを売るとよく売れる」らしい。景気が悪くなると、人は祭りなど明るい要素を求める。この祭りは、老人ホームや結婚式などでも企画するという。動物病院でも、クライアントさんが開催したワンワンフェスティバルが大盛況である。

言葉での表現

トップのスタンスや方針を言葉で表現することが重要だと感じることが多々ある。特に距離が離れた分院などを持つときに強く感じる。トップのスタンスや思想が組織の方向性を決めるが、距離が離れトップの姿を見る機会が減ると、スタッフはいろいろなことに迷いやすくなる。そのため、思想やスタンスなどをしっかり表現できる言葉が重要になる。言葉での表現ができていると、分院長はぶれない。動物病院の院長はもう一度、言葉での表現を考えたい。

インスピレーション

いろんな発想やアイデアを出すことが日常の業務では必要だ。脳科学に基づいた方法論を解説したさまざまな書籍も出回っている。意見の否定をしないブレーンストーミングや目的の逆の結果を想定し、浮かんだアイデアの逆のアイデアを採用する手法など多々ある。しかし、手法にこだわり地道な努力を怠るケースもある。「一生懸命努力をすれば、インスピレーションはおのずとやってくる」これは天才ピカソの言葉である。

何のために経営をするのか？

パタゴニアというアウトドアブランドの創設者の著書に『社員をサーフィンに連れて行こう』というものがある。その中に「何のために経営をするのか」と著名なコンサルタントから質問を受け、幹部が自問自答をするというくだりがある。経営にはこの問いをしっかりと考えなければいけないタイミングが必ず出てくる。これは、成長しているとき、落ち込んだとき全ての状態での拠り所になる。動物病院経営の場合、自分、スタッフ、家族、飼い主さん、動物たちを含めて何のために経営するのかというイメージを膨らませていきたい。

広告宣伝の目的

いろいろなクライアントさんからどのような広告媒体が有効か相談を受ける機会が多くなった。費用との兼ね合いになるが、既存の飼い主さんや新たに取り込みたい飼い主さんの目に触れ、かつ次に誘導するステップになるかが重要になる。高齢者を対象に郵便局の封筒に広告をしたり、チラシを撒いたり、看板を設置したり、バスに広告を出したりする。ただしホームページに誘導する時は、紙媒体の方が有効だと感じる。アドレスを記憶してまで、ホームページで検索する人は多くない。ブランディングのイメージ付けだけなのか、自院に誘導するためかを見極めなければ、広告宣伝はできない。

権限委譲

今、現場に権限委譲している企業の業績が良い。餃子の王将などは、有名な例である。店長がメニューや値段、割引、キャンペーンまで決める権限をもつ。動物病院でも、リーダーに決済権をもたせ、月あたり数万円の経費を使えるルールを導入するクライアントさんも出てきた。現場でのスピードをあげなければ、顧客に逃げられる。

猫カフェ

あるクライアントさんが猫カフェを来月オープンする。人が猫に触れ合う機会を増やすことはもちろん、捨てられる猫が多い中、飼い主さん探しに一役買うだろう。まだペットは飼っていないが、将来飼う可能性のある人達にアプローチし、啓蒙していくことがこの時代必要だと、昨日のセミナーでも話した。猫カフェはそのような考えを具現化したひとつだ。このような業界初のチャレンジをする院長は時代の先を行くだろう。

広告費の変化

日本の企業が広告にかける費用は5兆9,222億円と昨年比で11.5％減少したという。その広告費の中で、ネットが新聞を逆転し、2位になった。これは、消費者の新聞離れと情報探索行動の変化に起因するだろう。自院の情報発信もこの変化に対応しているだろうか？

想いと現実

院長には想いがある。しかし開業当初の想いが、成長したときには忘れられるケースが出てくる。例えば、きっちりと担当を決めて動物を治療したいと思って開業したが、患者数が増えても勤務医には指名が入らず、院長だけがドンドン忙しくなるという現象だ。この現実と想いの狭間で悩む方も多い。この時は、未来を見つめ直し新たなビジョンを描かなければならない。それができないと問題は解決できない。想いは強すぎると思い込みになる。

2つのテーマ

あるクライアントさんでは、業務が煩雑になっている原因の一つがフードの管理だという。そこでフードの銘柄を一種類に変更した。またフードの保管棚を工夫し、後ろから前に押し出す形で補充を行うことにした。いずれにせよ、ムリ、ムラ、ムダという要素を解決するためだ。この発想も重要である。

以前お伺いした内科学の学会でも、旧知の院長から、売上を増やすノウハウと、コストを下げるノウハウの両方を構築して欲しいとリクエストを受けた。両方ともまだまだいろいろな可能性がある。業績向上とコストダウンの両方が、不景気の経営には不可欠である。

時流に併せて長所を磨く

　ある動物病院のスタッフの方に、セミナーで講演した内容の一部をお見せしながら話した。これから予測できる動向などを話し、その後、将来に適応するために自分たちができることなどを考えてもらった。また、他の病院例などを話し、マクロな話とミクロな話をおりまぜた。スタッフの方もマクロな視点はあまり聞いたことがなかったとのことで、自身の役割を把握できたと感じる。その後、自分たちの長所や好きなことから、具体的な役割を担うようにする。組織形態にもよるが、このアプローチが時流に沿い、かつ長所から能力を伸ばすのに適していると考える。事実、この病院の業績は伸びており、スタッフはイキイキ働いている。

初診から2回目

　初診から2回目につなげることは、患者数を増やす上で重要である。固定化のスタートになるからだ。しかし、意外とこのポイントを見失いがちだ。2回目に来院した時のメリット（たとえば便検査半額など）を提示するケースや、初診時点でのツールを使った、しっかりとしたインフォームドコンセントなどを実施している動物病院は患者数が安定している。2回目につなげる仕組みを構築したい。

3回安定10回固定

　3回来院してもらうと安定して来院してもらえ、10回だと固定化するという法則がある。ある患者アンケートの回答では、2回目の来院は検査結果を聞きにくる場合が多いという。つまり、初診時点の診察によって2回目に繋ぎとめることは比較的容易だといえる。しかし、3回目となると、先生の人柄や説明の仕方などがかかり付けになるかの判断材料になるという。従って、2回目にきちんとした対応をすることがポイントになる。

社会性

　オリンピックで銀メダルを取ったパシュート日本代表の小平さんの所属は、病院である。けがでリハビリに来ていたとき、所属するスポンサー企業がないということから、その病院がバックアップしたという。打算ではないサポートから小平さんは奮起し、日本代表になり銀メダルまで獲得した。経営体には、収益性、教育性、社会性が必要だ。しかし、社会性で打算が入るケースも多々見受けられる。人は最終的には打算を見抜く。打算のない社会性が、この病院のブランド力をあげた。

違ったアプローチ

　最近「ユニクロvsシマムラ」という本を読んだ。良いものを安く提供するという目的は同じだが、アプローチが大分異なる。ユニクロはSPAの強みを活かし、シマムラは物流の強みを活かす。結局、中間マージンの削除により、コストが安くなる。このように、アプローチが違っても結果は同様になる。病院にもいろいろな経営スタイルがある。院長の考えもある。このようなアプローチでなければならないという正解はない。自分たちの長所を見つけ、信念を持ち継続することが大切なことだと感じた。

＊SPA……Speciality store retailer of Private label Apparel　製造から小売までを統合した販売業態。この場合、「独自のブランドを持ち、それに特化した専門店を営む衣料品販売業」という意味。

退職金

経営相談を受けた動物病院で、勤続年数が長いドクターや看護士が一気に辞めることになり、募集をどうすればいいかという悩みを聞いた。また、退職金を出してあげたいが、税理士さんのアドバイス額だとかなりの出費になるという。これまで退職金に関しての視点を全く持っていなかったらしく、慌てていた。

一概には言えないが、退職した後も良い関係を維持することも大切なことだと感じる。回りまわって、良い評判を広げてくれる可能性もある。退職事由により、退職金の支給額を変えたりする仕組みを考えているクライアントさんも出てきた。今一度、退職金を意識することは大切かもしれない。

成長を止める3つのテル

知ってル、やってル、わかってルという気持ちは成長機会を逃す。例えば、ある院長に携帯電話によるメール配信サービスをお話ししたところ、「うちは前からやっています」と言われた。しかし、件名に病院名を入れていないためどこから来たメールかわからず、内容の訴求力がないケースも多々ある。3つのテルがあるともっと有効な手法を得る機会を失ってしまう。今一度、スタンスを見つめ直せば、まだまだ成長するチャンスはあるのだ。

電子化

電子マネーの普及が進んでいる。エディやスイカなど、一人一枚電子マネーを持つ時代になった。決済が簡単で、お釣りもいらないという気軽さから高齢者の使用も増加している。また、ポイントのIC化もある。ポイントカードと同じ仕組みをICで行うと顧客管理も同時に行うことができるメリットもある。従来の導入済みソフトをカスタマイズすると、コストを多大に要する。しかし、電子化の流れをキャッチアップしていると低コストで有益な仕組みを導入できる。病院経営も他業界と同様に電子化の流れを受けている。

任せる勇気

ある院長から自分の仕事を分配するスタッフが育たないという相談を受けた。ちょっとした業務も自分自身でされているという。ただし話を聞いていると院長自身が誰にも任せていないのだ。任されることがないと責任感も生まれない。権限委譲により、責任感が生まれ、成長する。院長自身の任せる勇気も重要である。

応援

伸びている病院の院長には、応援してくれる人がたくさんいる。これは、逆に無償の応援を業界関係なしで行っている結果かもしれない。根底には、人としての魅力が双方にあるのだろう。見返りを求めるとビジネスライクになる。好きという気持ちを持てる人を、まず応援してはどうだろうか？

フリー

無料での戦略が溢れている。まず、無料で購入なり体験をしてもらい、次の購入につなげたり、一度お金をもらってから、キャッシュバックしたりする戦略だ。動物病院においても、この考えを少しずつ導入しようと考えている。しつけ教室なども、単純に無料にするわけではないが、無料になる仕組みも考えていく。今の時代、腰の重い飼い主さんが多い。まず、腰をあげてもらうために無料という考え方も必要なのかも

しれない。

やっている→できている→究めている

いろいろと経営手法が浸透すると現場は活性化していく。しかし、力不相応だと新しいことをしても「できる」というレベルまで深掘りできない。その為には絞る勇気が必要だ。

フィラリア時期の早期割引を8年程実施している病院がある。当初はこれをメイン企画とし、じっくりと実施してきた。オペレーションやおすすめのトークなどはルーチンレベルまで落とし込まれている。この次の段階は究めるレベルである。ある世界的に有名なサーファーは、本質が見えてくるまで20年かかると言っていた。次の目標は20年続けることである。

タイトルやキャッチコピー

多くのポスターやダイレクトメールを見るが、タイトルの重要性に気付いていないものが多い。作り手は読む人が当然文中まで読んでくれると考える。しかし、情報過多の今、読みたいと思うかどうかはタイトルやキャッチコピーで判断する。実は、文章以上にタイトルやキャッチコピーに力を注がないといけない。同調や喚起などの、感情に訴求するタイトルやキャッチコピーが必要になったと感じている。

意識変革

経営相談の時にドクターを採用するネットでの掲示板の話になった。今はドクター募集が少なくなり、ドクター募集の掲示板にも関わらず看護士募集の掲載記事が増えている。ドクターを募集している病院も限られだした。しかし、院長はその現状を知らないため、話が噛み合わない。よくよく聞くと、3年前から掲示板を見ていないことが分かった。今の動物病院業界動向は、2008年9月に起きたリーマンショックの影響を受けている。そのため以前とは違う意識変革が必要である。だが、意識変革はなかなかすぐにできるものではない。逆に意識変革ができた人が大きく伸びるチャンスでもある。

既成概念に縛られない

伸びている動物病院の院長は既成概念に縛られない。業界の常識にとらわれず、いろいろなことにチャレンジし興味がある。他業界の情報を収集することにも余念がない。このような院長は、業界の常識を常に疑っている。意味のないものは慣習ではなく、惰性である。

一枚のカード

携帯電話のメールアドレスを収集するために一枚のカードを作った。カードには時流や飼い主さんの心理を考えたキャッチコピーや、ちょっと離れていても文字が目立つようなレイアウト、色などいくつもの工夫を入れている。小さなちょっとした工夫は、実は一番重要な要素である。少し観点を替えると、単価の安い診療メニューほど、飼い主さんは価値を感じているかもしれないとも感じる。ちょっとしたことや低単価のメニューほど、魂を込めなければいけないのだ。

ポイントカード

顧客固定化の手法のひとつにポイントカードがある。ポイントがたまれば、金銭や商品で還元されるというものだ。この手法を取り入れている動物病院のクライアントさんもある。最近は、カードだけでなくいろいろな媒体にポイントを蓄積させることができる。このポイントシステムは、今後動物病院経営においても重要になると考える。来院回数が減り、伸べ患者数が

減少している病院が多くなっている。また、業界特性としてフィラリア時期にしか来院しない飼い主さんも多数おり、そのような飼い主さんの来院頻度を一回でも増やすことが重要になってきているからだ。ただし、ポイントカードを複数持っている飼い主さんも多い。カードとは別の媒体、もしくはカード自体の特徴付けも考えなければならない。

早期割引

クライアントさんのフィラリア時期第一段階企画である、早期割引ダイレクトメールの結果が出だした。これは、フィラリア時期の混雑緩和のために今月末までに検査来院してくれる飼い主さんに、検査に関して割引をするという企画だ。また、ダイレクトメールには飼い主さんの携帯電話メール収集のためQRコードも入れている。

この企画の結果、来院数が上昇しただけでなく、携帯電話メールアドレスの収集もうまくいった。今回収集したメールアドレスを活かして、次はフィラリア時期に対するダイレクトメールを発行できる。先手を打つことが効果を出したといえよう。さらにその後は検査パックと価格戦略をメインにした企画のダイレクトメールが発行される。企画の連鎖である。

お客様が提供して欲しいものは何か

タクシー業界も競争が激しく、様々な仕掛けをしている。先日乗車したタクシーは、乗車した回数によるキャッシュバックや、妊婦さんへのサービスとしてプレママタクシーなどのサービスを提供していた。これを見て「自分たちが提供できるものは何か」ではなく、「お客様が提供して欲しいものは何か」を考えれば、サービスは多数生まれてくると感じた。

収益に結びつく企画

動物病院経営において、動物看護士やスタッフの生産性向上が重要になってきている。ドクターしかできない治療や予防の対象となる動物数が減少しているからだ。

ただし、どのように看護士やスタッフが接遇力をあげ、収益に結びつく企画をワクワクして実行していくか、分からない方も多い。定期駆虫薬を勧める際、ゲーム性を持たせる病院もある。シニアサポートのプログラムを動物看護士が中心となり開発している病院もある。そして、このようなスタッフの基盤になるのが社会人としてのマナーや接遇の基本だろう。一般的なマナー研修とは違う動物病院特化プログラムだ。

力を知る

自院の力を正確に把握していない病院が多いように感じる。力とは人、技術、サービス、金、情報の経営資源だ。初めてお伺いするところで、院長からのお話と事実のギャップが発生しているケースがある。忙しいかもしれないが、客観的に力を把握しないと歪みがある経営手法を実践することになりかねない。スタッフからでもいい。しっかりと経営資源を把握したい。

コラボレーションの強さ

楽天市場の人気グルメなど約50店を集めた物産展が東武百貨店で開催され、多数の集客があった。楽天はネットを利用しない中高年の開拓、百貨店は新しい顧客開拓ができた。コラボレーションすることで可能性は広がっていく。動物病院でもトリミングショップやドックカフェなどとコラボレーションしている病院もある。可能性を広げるための、一つの方向性である。

強調文字

ポスターなどに長文を入れたものは多い。しかし、長文は読むストレスを飼い主さんに与える。そのストレスを緩和し、訴求力を高めるために文字のフォントや字体を変え、強調することがある。しかし、闇雲に強調しているポスターも見受けられる。ポイントは強調した文字に意味があり、その単語だけを読む人に訴えることができるかだ。例えば「ズーノーシス」より「動物から人に感染する病気」を強調する方が訴求力がある。

大人の努力

ある雑誌に大人がすべき努力として、1．あと片付け、2．ウォーキング、3．日記であるという記載があった。実績をあげるには、潜在的に知っていることをを外部化する習慣が必要だという。体力を向上させ人間関係を円滑にし、知識を外部化するという点で、上記の3点が必要だという。面白い解釈であるが、理にかなっている。すぐできる習慣でもある。この3点を継続し、習慣化していけば成果は出るように感じる。

マーケティングのスタート

ドラッカーの言葉に「真のマーケティングとは顧客からスタートする。すなわち現実、欲求、価値からスタートする」というものがある。これは、お客様だけではなく、スタッフにも当てはまるという。現実を客観的に判断し、欲求を見つけ、それを満たす価値を提供する。シンプルであるが、真理である。これを顧客満足とモチベーションアップから考えてみよう。飼い主さんが求めているものは何か把握しているだろうか？ スタッフの欲求を把握しているだろうか？ しっかりとした説明やはっきりとした評価なども、シンプルだが、大切な手法なのだ。

目線

看板の位置を考える時には目線が需要である。特に車を運転している人に見せる場合、運転手と同じ目線で、かつ、正面を向いている時の訴求力を考えなければならない。設置する側は、看板を意識しているため、よく見えているだろうと思ってしまう。しかし、ドライバーの視野は驚く程狭いことを覚えておきたい。

ピンポイントでの深掘りで183％アップ

あるクライアントさんは3月の売上昨年比が183％である。これにはいろいろな要因があるが、企画を絞り全員で深掘りした結果だと思う。目的も至ってシンプルであった。1．早期にフィラリア検査をしてもらいフィラリア時期の混雑を緩和すること。2．携帯電話のメールアドレス取得とメールの訴求力を強化すること。この2点である。メールアドレスは3月の初旬では300アドレスであったものが末には800アドレス集まった。目的をシンプルにして集中すれば、院内が一体化しやすい。一つの成功事例である。

地域への情報発信

動物病院にとって限定された地域に情報発信することは、重要だ。動物病院の飼い主さんは、近隣に在住している人が多いからだ。看板やチラシなどで地域に存在を情報発信する。さらに、ホームページを見てもらうと相乗効果があるため、ホームページに興味を持たせるコンテンツを入れたりする。また、スタッフが作成したイラストなどを入れたり、飼い主さんから寄せられたスタッフへの感謝の言葉などのコンテンツを入れたりする。すると、スタッフのモチベーションもあがる。地域限定のトピックを入れる

ことも大切だろう。

地域への情報発信ではいろいろなことが可能である。フィラリア時期は反響が期待できる。地域への情報発信を考えてみてはいかがだろうか？

スピードアップ

4月からお手伝いを始める動物病院はフィラリアという需要期の最中であるので、手法の整備にスピードが必要になる。いろいろな段取りをうまく組まないと実行が遅れてしまう。いくつもの要素を効率的に組み合わせて実行していくことが大切になる。さらに、チーム力をあげることも大切になる。需要期なので、スピーディーに手法を実施できれば、年間の売上は増やしやすいのだ。

料金

全て自費である動物病院では価格設定を迷う院長が多い。なんとなく値段を付けているため、変更することも難しくなる。私たちはクライアントさんの参考値や競合価格などから設定するが、そういった資料がないと設定しづらい。この時期に重要になる項目だけでもいろいろ調べて設定する方が、今後の役に立つ可能性が高い。価格も大切な要素になってきた。

ニッチマーケット

ある駅の近くに「豹柄、ゼブラ柄雑貨」の専門店がある。このような狭く深い絞り込みは独自性が高くなる。柄＋品目レベルまで絞るといわゆるコレクターレベルまでの顧客が獲得できる。今の時代、コレクターレベルまでいかないと高額商品は購入されにくい。ニッチマーケットの一つの例である。

ディスカッション

ある動物病院でディスカッションが行われた。ディスカッションが始まったが、リーダーが枠組みを提示しないため議論が始まらない。枠を提示するとようやくディスカッションは始まった。議題の枠を話し議論を目的に到達していくように誘導していく。これが議長の一つのスキルである。

メッセージ

割引などを行う時、メッセージが重要になる。ただ割り引くのではなく「自分たちを支えてくれている方に、少しでも費用負担が少なく予防をしてもらいたい」という想いを伝えるのだ。本質の想いと連動したマーケティングでないと飼い主さんからの共感を得られない。小手先だけでない本質からのメッセージが必要なのだ。

組み立て方

コンサルティングの現場でよくあるのが、クライアントさんの目が完成されたものに向いてしまうことだ。例えば完成されたDMやチラシなどである。しかし、重要になるのはその中に詰まっている思考や組み立てである。思考や組み立てを考えることができると、さらに次は良いものになる。しかし、完成されたものを眺めているだけだと発展していかない。詰まっている理論や考えを紐解くことからはじめると、思考を習得しやすい。

スタッフ教育

昨日の夜、動物病院の新人スタッフたちの研修会でまとめ講座を行なった。参加者は、とても一生懸命メモをとりながら聞いていた。他業種だと、話を聞かない参加者や寝ている参加者

も見受けられることが多い。その点、動物病院のスタッフは素直で一生懸命な印象がある。納得すれば素直に行動する、ゆとり教育世代の特徴かもしれない。参加者の中の新人は、今日から働き出すという。フィラリア予防の忙しい時期になるが、ぜひ前向きにがんばってもらいたい。

料理コンテスト3つの条件

日経レストランメニューの決勝に進出した10メニューの論評があった。客の呼べるメニューの条件は1. 定番＋ひねり、2. 目の前化、3 プロとしての技や知恵が生きている、という3条件だという。これは、飲食以外でも共通する。この切り口は、サービス開発や商品開発のヒントになると感じた。

トリミング

ある動物病院のトリミング経営のお手伝いをすることになった。経営手法を構築することはもちろん、若い経営者なので経営者教育も併せて行う。トリミングでの時間実例から、メニュー作り、販促まで体系立てながら理解を深めていく。ただし最も大切な出発点は「想い」である。どうしてトリミングショップを経営したいのかというレベルまで想いを掘り下げる。この想いに人は集まってくる。若い経営者である。成長が楽しみだ。

成果

ドラッカーは「自らを、成果をあげることができる存在にするのは、自分自身である」と言っている。また、「自らの成長につながる最も効果的な方法は、自らの予期せぬ成功を見つけ、その予期せぬ成功を追求することである。ところがほとんどの人が、問題に気をとられる」と論じている。確かに真理である。成果を求められる時代であるが、まずは予期せぬ成功を自分自身で見つけることが出発点だ。予期せぬ成功をもたらすように導くのが、リーダーの仕事になるかもしれない。

思い切った勇気

最近お手伝いすることになったクライアントさんは、どうしようもないような悲壮感の中、思い切って電話をかけられたという。お話を伺ったが、とても良い方で、多くの長所を持っていた。視点を変えると、多くの長所が見えてくる。そして、課題の解決策が発見できる。この出会いのきっかけは、思い切った勇気である。様々な場面で、思い切った勇気が必要な時がある。そのタイミングで勇気を出せるかどうかも大切な経営力である。

キャッシュバック

あるクライアントさんでは、キャッシュバックを導入している。条件を付けてのキャッシュバックだが、現金が戻ってくるということでインパクトもある。ただ多用してはいけない。インパクトに慣れてしまうからだ。しつけ教室の出席回数をクリアしたらキャッシュバックするなど、効果との連動が必要である。

関連性

きれいな文字が書ける文字練習帳を、履歴書の横に陳列したら、売上が5倍になったとあるTVで放映していた。昔からある陳列手法であるが、最近ではまた重要性が増していると思う。最近は活字離れなどが進み、想像力が乏しくなっていると言われる。関連付けて、想像するお膳立てをしないと購買まで結びつきにくいと感じる。また、陳列だけでは想像力が働かない人

も多い。その時はPOPやポスターなどで説明しなければいけない。待合室の陳列や予防メニューの訴求でも同様である。コストが必要でない経営手法である。早速、取り組みたい。

トップダウンとボトムアップ

リーダーシップにはトップダウンとボトムアップがある。これは、時と場合により有効性が変わってくる。環境が安定しているか、不安定かという要因が大きな要素になる。院長にはどちらのリーダーシップをとるかが重要だろう。ただ前提として、環境を見極める目を養わなければならない。

忙しいとき

4月に入り徐々に動物病院は忙しくなりはじめた。狂犬病、フィラリアなどの予防には、やはり飼い主さんの意識が高い。まずは、この時期に集中すべきである。さらに、クライアントさんの中には7月からの戦略を練り始めるところもある。皆が忙しいときにリードできるようになれば、さらに発展する可能性が高まる。自院の状況を見極め、今と未来に集中したい。

データベース

先日顧客管理システムを作成している会社に勤務し、かつ経営に関する書籍を執筆している方とお会いした。その方は、顧客管理からリピートさせるための経営戦略を構築している方である。対談している時に「顧客管理システムはシンプルなものが一番という結論にたどり着いた」とおっしゃっていた。いろいろな情報を収集したが、使用できる項目数は限られているという。病院にはカルテデータという既に蓄積されたデータがある。これらを抽出し分析するだけでも充分に活用できると感じる。仮説はいくつも出てくる。この仮説を確認できるようにデータを分析することが重要になる。

ワンコインコンサート

ある音楽団体では、コンサートの入場料を1時間500円で販売している。演目1時間分だけの切り売りである。1時間では物足りない人がフルの演目時間分コンサート料金を払う。ワンコインコンサートの集客は上々らしい。動物病院でも、単項目に検査を分化させたメニューを作り訴求しているところもある。質は落ちないが、1回当たり支払う額が少ないメニューは、この時代必要である。

老後のために

ある外国の方のコメントに、「日本人は老後のために働く」という言葉があった。多くの人はそうなのかもしれない。これは、良い、悪いの問題ではなく民族性なのかもしれない。しかし、クライアントさんには老後のためではなく、承継などは考えずに働いている方もいる。その方には推進力がある。自院の環境や外部の環境から、どのようなスタンスでいることが良いのか考えることも必要だろう。

値ごろ感

価格設定は重要な問題だ。自院のコンセプトにより値段設定は変わるが、飼い主さんがどの位を普通と思うかを検討してから価格設定することが望ましい。それには競合価格や飼い主さんの声などを調べることがスタートになる。飼い主さんから「この値段だったらいい」と思われる価格を基に自院の価格を展開することが必要だ。

天候の回復などで、徐々に動物病院の来院数が増え出している。ゴールデンウィークに入り

本格的なフィラリア予防が始まる。さらに次の仕掛けを考える動物病院様とは６月からの企画やホームページ作成などの「次の一手」を進め出している。また、今月から人向けの薬価が改正されたため、新しい薬の価格整理も始めだした。５月はいろいろなことがスタートする。遅れないように仕掛けたい。

せっかち

ある本で、成功している経営者はせっかちであると書かれていた。確かに私がお付き合いしている中でも成功している人にのんびりした人は少ない。着手スピードが早い人が多いということだろう。その意味ではせっかちな人が多いのだろう。しかし、成功している人ほどせっかちなのをうまく隠している。スピードが早すぎると部下がついて行けなくなるからだろう。せっかちなマインドで、緩やかな空気を纏うことがリーダーには必要である。

モチベーションが上がる言葉

過日の日経流通新聞に、スタッフからモチベーションが上がった言葉を調査し、結果を集計した記事が掲載されていた。「ありがとう」や「君のおかげだ」というような感謝と承認を表すワードが並んだ。このような感謝と承認を表す言葉は、まだまだある。そのような言葉を整理し、発言機会を多くすればモチベーションは上がりやすくなる。さらに、私見を加えると「チームメンバーとして、とてもありがたい存在」というように「繋がり」をイメージする言葉を入れることも重要かもしれない。誰かの役に立っていることと、独りでなく繋がりを持っていることがイメージできるからだ。言葉の与える力は大きい。

素直

昨日は整骨院セミナーのまとめ講座で講演した。整骨院業界も競争が激しく生き残りも大変になっている。今回の出席者は素直な方が多かった。きちんと担当講師が話す内容を頷きながらメモをとり、わからないところは休憩時間に質問に行っていた。松下幸之助さんも経営者にとって一つ大事なところは何かと聞かれれば、「素直さ」と答えられたと言う。素直さは「一回信じる力」だと解釈できる。信じたけれど違ったら修正すれば良い。しかし全く信じなければ、いろいろなチャンスや成長機会を見失う。その意味では、昨日の参加者は成功すると感じた。

インフォームドコンセント

インフォームドコンセントは重要な要素である。説明は整理することから始まる。例えば３つの事項を説明すると仮定する。一つずつ説明する人もいるが、聞き手は聞いていくうちに初めの事項を忘れていく。そのときは冒頭で「伝えたいことは３つあります」など事前に聞き手の頭を整理してあげる。このような「相手を思いやる」気持ちがインフォームドコンセントの能力を高める出発点である。まずは初歩的テクニックを整理することから始めたい。

先手

あるクライアントさんでは、天気の影響もあり４月の来院数は昨年と比べて減少している。しかし、売上は逆に伸びている。これは健康診断やフィラリア時期限定企画などの影響で単価が伸びていることが要因である。昨今の経済情勢の中、患者数が減少する可能性を考え先手を売って企画した内容が当たっている。やはり、

事象が現れるより前に先手を打つことができるかが、業績の明暗を別ける。来月の先手をすぐにでも考えたい。

交流

知り合いの動物病院様同士の交流をアテンドしている。薬浴を主体にした分院への訪問、統合医療が得意な先生とのマッチングなどだ。従来の独りよがりの動物病院経営スタイルでは、限界を感じることが多々ある。交流することでインスピレーションが発生し、新しいアイデアなども出てくる。今後、クライアントさん同士の交流会も企画している。今年は交流することが重要な年になる。

ギフト需要

日本人は欧米人に比べて、3倍ものギフト消費があるという。何かしらを贈ってあげたいという気質があるのだろう。ギフトと連動する販促は一つの切り口になるかもしれない。

飼い主さん仲間に贈る贈り物を作ることも面白いかもしれない。クライアントさんからゴールデンウィークの来院数が非常に多かったと報告を受けた。今年のゴールデンウィークはおこもり現象や近場での外出が予想できたため、多くの動物病院の方にゴールデンウィークでも開院するようにアドバイスしていた。このように、対策を講じるためには様々な社会情勢や消費者動向などをミックスし、有機的に繋げて予想をしなければならない。知識や情報を知恵に変えなければ有効な対策を打つことはできないのだ。注意したいことは、知識や情報に振り回されないことだ。

薬価改定

今月から薬価が改正され人医療の薬の値段が下がった。しかし多くの動物病院では、あまり関心を持っていないようだ。狂犬病の集合注射やフィラリア予防での混雑もあり、また薬の価格に対する関心の欠如もあるようだ。しかしうまく見直せば1カ月で20万円程度コストダウンできる場合もある。一度薬価を見つめ直してはいかがだろうか？

未完成

村上春樹著の「1Q84」3巻を読んだ。2巻までで完結すると考えていたが、2巻の終わりはあやふやになっていた。2巻発売時には、3巻の予告はなかったため、結末に正直不満もあった。しかし、時間をあけて発売された3巻を読んで、未完成だった理解が完成品になった。これは、優れたマーケティングだと思う。予想外の3巻を、タイムラグを作りながら販売し、満足度をあげる。結果口コミも促進できるだろう。人は未完成なものを完成させると、満足度がかなり高まると実感した。

リニューアル

リニューアルや移転の話が多くなっている。自院が手狭になったことや安い賃料の物件が出ることが多くなってきたからだ。ただ従来とは違った視点で出店立地を決めることが必要になりつつある。多面的な視点で出店を考えるようにしたい。

ひと手間

あるクライアントさんは忙しいフィラリア時期にも関わらず、直腸検査を実施し、前立腺がんの危険性から去勢手術に結びつけている。ツールなどの効果もあるが、ひと手間かけることで単価が上昇している。忙しいときほど、ひと手間が重要になる。

型破り

　昨日見たテレビでは、歌舞伎役者で俳優の中村獅童がインタビューに答えていた。従来のスタイルに囚われない型破りなスタンスについて質問された時、「一番の要因は型を知って、体得していること」と返答していた。型を知らないと破ることはできないという。最近、オリジナリティを出そうと型を知らず、独りよがりの人たちをよく見る。ピカソも基礎がしっかりした絵を描くことができるからこそ、崩した抽象的な絵を描けたという。一流の型破りの人たちは、基本の型をしっかり習得した人だと感じた。

売れている芸人

　昨日は吉本興業様を訪問した。講演の中で売れている芸人の条件が出た。「努力しストイック」「海外のコメディなどとても良く知っている」「自分は売れる、面白いという根拠ない自信を若いときにも持っている」などのコメントがあった。これは、成功の3条件である素直、プラス発想、勉強好きにも通じる。すべての成功に共通する思考だと痛感した。

　先日、ある大手動物病院の事務長3人に経営に関する講話を行った。事務長というポジションは業務が多岐に渡る。参加者は動物病院の事務長という役職を人間の病院の事務長の地位まで高めたいという志があり、とても前向きであった。事前に私の著書も読み込んでくださっていた。

　動物病院経営も、このような人材が成長すればどんどん変わっていくと思う。前向きな推進力を感じる機会であった。

コミュニケーション

　最近、コミュニケーションに感情が入っていない人を見かける。喜怒哀楽の感情を入れずに対話をしている。これは情報交流ではあるが、コミュニケーションではないと思う。気持ちの繋がりを持つことができず、仲間意識も芽生えない。人は理屈でなく感情で動く。特にリーダーは感情を入れて話すことを心がけてもらいたい。

スタッフ力

　ある動物病院でスタッフのヒアリングを行った。この病院は院長が一人でダイレクトメールの作成などしている病院であり、院長はスタッフに遠慮して作業をお願いしていなかった。私は経営項目に沿ってヒアリングをした。ヒアリングシートの項目が経営項目であること、この項目に沿った詳しい内容はスタッフが一番知っているので教えて欲しいと前置きする。そこから、いろいろな話をするとスタッフからたくさんアイデアが出てくる。また、スタッフの中には積極的に参加したいと言ってくる人も出てくる。スタッフの力は推進力になる。まずは、対話からはじめてはどうだろうか？

選択と集中

　フィラリア時期に入り徐々に忙しい病院が多くなってきた。この時期は予防と診察、治療が混在する。新人も入り、バタバタとしている時期である。こんな時期はやはり選択と集中が必要になる。新人ドクターには採血などだけを集中して実施させ、効率化を図ったり、予防だけに集中するラインを作ったりすると効率的に診療できるようになる。忙しいからこそ、整理して選択し、力を集中することを忘れてはいけない。

高齢の犬や猫

　あるクライアントさんでは高齢の犬や猫に対

して行うセミナーの評判がいいらしい。他のクライアントさんも高齢の犬や猫に対するイベントなどを充実させてきた。これは、昨年から意識を変え、準備してきた結果である。

　動物たちも人間と同じように高齢化していく。早めに対策を練ることが重要である。案外高齢の動物たちに、どのように対応していけばいいのか分からない飼い主さんは多いのだ。

一番怖い方向

　コンサルタントの小宮一慶さんの本の中に「間違った方向できっちり管理する経営ほど、怖いものはない」というような文章があった。全く、その通りだと思う。管理することも重要だが、未来に向かう方向性をきっちり考えることが経営者として重要である。今、景気の動向を受けて困っている企業や病院も増えている。景気がいい時代に伸びていた経営者や院長の中で、方向性を考えておらず「経営なんてこんなもの」と安心していた人は少なくないかもしれない。今こそ、方向性を模索し、決定することに力を注いで欲しい。管理することだけに逃げてはいけない。

活字の力

　昨日名古屋の書店に行った。そこで、ある高齢の方が床に這って、いろいろな本の文面を模写している姿を見た。最初はビックリした。褒められた行為ではないかもしれない。ただ、本の活字は力があり、それだけ価値があるのだとも感じた。この人のように、本に書かれている情報や内容に貪欲な人はどれだけいるだろうとも感じ、少し感心してしまった。

緊張感

　先日10年程お付き合いのあるクライアントさんの院長と、夜に食事をした。いろいろな会話から、今後のビジョンなど話し合った。本音の話をぶつけ合って、次の展開を検討した。最後に先生から、長い付き合いだが、緊張感があるというお話しを頂いた。これは嬉しい言葉だ。常に成長し、マンネリ化しないからこそ緊張感は生まれる。緊張感と安らぎの両面が大切な要因である。

壁

　最近動物病院経営のステージには段階があると痛感する。

　売上2,500万円〜5,500万円、5,500万円〜8,000万円、8,000万円〜1億2,000万円、1億2,000万円〜1億8,000万円、1億8,000万円〜2億8,000万円、2億8,000万円〜3億5,000万円、3億5,000万円〜5億円、5億円以上の8段階である。

　売上高は増減することもあるだろう。私の動物病院コンサルティングの過去10年を振り返ってみると、院長や病院は成長過程で壁にぶつかる。それが上記のステージなのだ。この壁を越える時には過去からの延長ではない要素を必要とする。ただ、いずれのステージを越えるときでも根底となるのは院長自身も含めた「人」という要素である。

ホームページ

　ホームページは動物病院にとって重要な媒体である。広告規制に原則抵触しないということがまず大きな要素だ。ホームページは自分たちの伝えたい想いが表現できる。初診を増やすとともに、転院しないように繋ぎとめるコミュニケーション媒体にもなる。直近でチラシを撒いたクライアントさんでは、ホームページのアクセス数や新規セッション率が連動して増えていた。飼い主さんの行動も、チラシを見たらまず

はホームページで調べるという行為になっている。失敗したくないからだ。いろいろな要素から、ホームページが重要になってきた。

若さ

あるクライアントさんの55歳になる院長とお話しした。この院長は血色が良く、肌の張りなどもあり、とても若く見える。気持ちは30代という言葉が口ぐせらしい。スキンケアなどの努力もされているそうだ。なぜそこまでするのか聞いたところ、病気の動物たちを診るのに不健康そうだと信頼されないことや、飼い主さんには女性が多いため清潔で若々しくないと生理的に受け入れられないと考えているからだという。この発想は患者志向であり、プロ意識が高いと感じる。

創造的会話

何かしら新しいことを発想する時は、会話がきっかけになることがある。どのような会話だったか思い出すと、いずれの場合も共通して相手を認めリスペクトしていた。創造的な会話をする前提は、どのような人であれ、認めてリスペクトするという心の持ち方が前提になるのかもしれない。

頭でっかち

あるクライアントさんの分院長と話した。4年位のお付き合いになるが、今年の売上高が最も良い。フィラリアの早期割引が当たった上、通常バタバタしていたフィラリア時期に診療に時間をかけられたため、しっかりいろいろな提案ができたという。この病院ではもともと4年前からフィラリア時期より前に飼い主さんに来院してもらうという提案は、行っていた。しかし、自院の地域は寒いため、飼い主さんは5月からしか来院しないという思い込みで、早期割引の実行には至らなかった。しかし、今年は景気動向など考え、強引にお願いした。結果、思い込みの壁を破り、良い結果につながっている。頭でっかちという言葉がある。常に自分のスタンスを客観視したい。

タイプ

経営的に良いドクターには2種類ある。提案して一回の単価をあげるタイプと来院頻度を高めるタイプだ。もちろん、院長など能力の高いドクターは両方ができる。しかし、どちらかが得意なドクターの方が多いような気がする。ない能力を付け加える前に、得意な能力を伸ばすことが重要になる。患者のニーズも二通りある。何度も通院するのがイヤで一回で終わりたいタイプと、一回当たりの単価は少なく何度も通うことに抵抗がないタイプである。マッチングを考えるのも面白いかもしれない。

リカバリー

同じダイレクトメールを使用しても病院によって結果が異なることがある。原因は病院と飼い主さんの関係性であったり、飼い主さんの所得水準であったり、病院のコンセプトだったり様々である。この時期はフィラリアDMの結果が出始めている。芳しくない兆候の時には、リカバリー企画を用意している。高齢犬への企画の付加や一声がけ運動などだ。

先読みをしながら、次の手を打たないとリカバリーが難しくなる。しかし、手を打つと思いがけないリカバリー効果を期待できる。

問題ではなく、機会をみる

いろいろな問題が発生した時には、その問題の解決に動く。ただ、その問題にとらわれすぎ

るためにチャンスを逃すケースも多々発生する。伸びるためには、問題の解決だけに集中してはいけない。「今どの程度の問題に集中するべきか」をしっかりと見極める必要がある。問題でなく、機会を見る視点が必要なのである。

スケジュール化

あるクライアントさんから、カンファレンスがきっちりと実施できないという相談を受けた。聞くと、それぞれが業務を優先し、カンファレンスに参加しないという。さらに聞いていくとスケジュールをきっちりと決めていないことがわかった。そこで、1カ月単位でスケジュールを立てた。さらに、メーリングリストによって、スタッフリーダーが2日前に事前告知するスケジュールも立てた。その上、出席をした回数によって、評価にプラスすることにし、半年単位でちょっとした報酬を支給することにした。

本当に大切な仕組みがうまく回らないときがある。大切な仕組みを必ず実行したい時には、このレベルのスケジュール管理が必要になってくる。

明確化

最近まで売上が下降しているクライアントさんがいた。重病患者が多いため、どうしても診療に追われてマーケティングを実施できなかった。また院長も、マーケティング手法であるダイレクトメールや健康診断パックなどに消極的であった。しかし、下降トレンドの状況から、今年のフィラリア時期はダイレクトメールを重視した。飼い主さんからも健康診断パックの提示があることに、好意的なコメントがもらえ出した。割引なども実施しているが、どのようなことを調べてくれるのか明確化したことの方に好意的なコメントがもらえた。喜ばれたことでスタッフのモチベーションも高まった。結果、下降トレンドは下げ止まり、今月は過去最高の売上高になりそうである。

納得した行動

先日お伺いしたクライアントさんは1カ月前からのお付き合いだ。いろいろな課題を感じられている。多くのことを焦って実行したいと考えられていたが、提示したことに対する納得が得られなかった。そこで、納得できる企画だけを突っ込んで実施し健康診断パックだけに絞った。納得することで院長の行動も早くなり、言葉の説得力も増す。結果、今月は昨年より130％売上高が向上しそうである。

猫企画

フィラリア時期の次の企画として、猫企画を考える方が多い。これはとても良いことだと思う。ただ、反響を犬と同じように考えてはいけない。10年間をみると、反響率は犬のフィラリア時期企画と比べて、格段に落ちるケースが多々あった。これは、犬は「買う」ことによって飼い主になるが、猫は「拾う」ことで飼い主さんになることと関連性があると考える。中には予防意識の高い猫の飼い主さんもいるが全員とはいえない。従って、猫企画は軽い企画でコストをあまりかけず定期的に行う方が良いのだ。特性を理解しないと過度な期待をしてしまう。

何で調べているか？　何を調べているか？

検査には「心臓検査」というように、何を調べているのか分かる名称と「レントゲン検査」というように何を使って調べているか分かる名称がある。多くの動物病院では、後者の名称を良く使っている。これは、機械や術式志向の表れかもしれない。しかし、飼い主さんとしては

何を調べているかが気になり、興味を持っている。何を調べるために、何を使って調べるかをきっちりと説明する必要がある。

料金改訂

最近料金改訂の相談をよく受ける。料金は競合の値段や仕入れの値段などの影響を受ける。上記の概念が動物病院サイドで意識することだ。さらに飼い主さんの予算を考えることや既存の料金との兼ね合い、そして生涯どの程度の頻度でお金を払うかということも、重要になってくる。複合した要因で料金は決まってくる。多面的に料金を検討したい。

緩やかなつながり

緩やかなつながりを持った消費が良い。桃屋のラー油のような、ツィッターなどでの交流から口コミで発生した消費や店が作っているコミュニティでの消費促進などだ。

企業が中心となって関係性を保つことが重要になってきた。「顧客以上、友達未満」の関係性が消費につながる。動物病院経営においても、教室や会員などのコミュニティを作り、関係性を高めることが必要になるだろう。

忘れる能力

アイデアは忘れることで出てくるという。突き詰めて考えるだけでは、ヒラメキは生まれにくい。一生懸命考えた後、いったん忘れ、お風呂などでリラックスした時に出てくるという。ノーベル賞を受賞するようなアイデアも、このような忘れるプロセスから出てくるケースも多いという。忘れることも、ひとつの能力かもしれない。

もうそろそろ、フィラリア予防の時期が終盤に差しかかってきた。やはり、患者数が減少したなど、多くの病院が芳しくない結果のようだ。しかし、伸びている病院もある。伸びている病院の共通点は、フィラリア準備期間が長かったことだ。そして、いくつかの想定から次の手を考えていた。例えば、フィラリアダイレクトメールの反響が悪かった場合の追加ダイレクトメールを4月から準備することなどだ。対応が後手に回るとリカバリーが難しくなる。来年はさらに、体系的に計画を構築したい。

大志と憤り

起業し、成功するためには「こんなことを社会の中で実現したい」という大志と「業界の常識では、なぜこんなこともできないのか」というような憤りがいるという。発展し成長し続けるためには、ワクワクするマインドと、常識を疑い、常識によって与えられている不利益に対して、攻めるパワーが必要になるのだろう。持続して高いレベルで経営を続けるためには、相当のエネルギーを必要とする。経営者にはまずこのエネルギーが必要になる。院長も「なぜ病院を運営しているのか？」「業界の常識でおかしいところはないのか」という観点を持ちたい。

経営者は孤独

経営者は孤独という。いろいろなことを相談できず、一人で考え一人で決断することが多いからだ。ある一部上場企業の創業者は、独立するために、サラリーマン時代3カ月間同僚の誰とも話さず、孤独に耐えるトレーニングをしたという。しかし、孤独になりすぎると判断を間違えてしまう。経営者にとっては信用できる人を持つことも経営資源である。

複数ドクター

患者数が多い病院はドクター人数も多くなる。

院長が診察する患者数が、患者数全体の２割に満たない場合も多々ある。しかし、院長と患者さんの属性についてお話すると「うちの患者さんは遠くから来ている」「だいたい、初診から２回目にはつながっている」と自分が持つイメージだけを話される方が多い。これは実は全体像がぶれてしまう原因のひとつである。残りの８割以上の患者さんの属性をイメージできなければ対策も打てない。コミュニケーションや数値分析を通して、病院全体を把握する努力が必要である。

経営者としての心構え

あるクライアントさんと話をしていた時に、「マーケティングはロジックとかテクニックが中心で、経営はテクニックなのかと感じていた。しかし、実は、経営者としてのスタンスが大切だと知った」とコメントがあった。これは、とてもありがたいコメントだった。経営に向き合う姿勢やスタンスを、実体験をもとに数カ月お話ししていた。しかし、それだけではなく、マーケティング施策も実行する。やはり、形に表れるマーケティング施策に目が行く院長が多く、本質論に目を向けないようになるケースもある。しかし最後にはスタンスが全てを決める。この院長はさらに伸びると感じた。

シンプルな宣言

昨日某大手建設会社が着工している工場現場の前を通った。現場ののぼりには「子ども達に誇れる仕事を」と書いてあった。シンプルな宣言であり、工事を行っている人たちが理解しやすい内容である。それぞれが、この宣言をイメージしながら品質を考えるのだろう。格好いいキャッチコピーや難しい理念を掲げる方は多い。しかし、どのくらいスタッフの心に響いているのだろうか？

走りながら考える

あるトリミングショップの経営者は、きっちりとした体制ができない限り動かない。これは仕方ないかもしれないが、実行していないことが多くなり、作った策の効果が出てこない。

やはり、業績も悪化しだした。考えて行動するのも大事かもしれないが、走りながら考えないと外部環境の変化についていけない。走りながら考えるトレーニングは経営者にとって、不可欠かもしれない。

落としどころ

マクドナルドのメニューの中で一番利益率が高いメニューはビックマックらしい。実は、最終的にビックマックの販売につなげるということがマクドナルドの戦略である、とマクドナルドの社長は言い切っている。コーヒー無料サービスや朝メニューの充実なども、最終的にビックマックを購入するようにストーリーが組んであるという。最終的な到達点をシンプルで明確なものにすれば、社員の意思統一もしやすい。マーケティングでは最終的な到達点は非常に重要になる。

スタッフの位置づけ

来年発行予定のスタッフ教育をまとめた本（本書）の執筆を行っている。従来からよくあるマナーや技術をスタッフ向けに教えるような内容ではなく、スタッフの生産性をあげ、院内を一体化させる院長向けのチームマネジメントの本である。スタッフ教育がうまく、院内が一体化している病院や、スタッフに反発され定着率が低い病院など、様々な病院を思い浮かべ、実例に基づき執筆している。考えてみると、動

物病院において、スタッフ教育がうまくいく最初の要件は、院長がスタッフの位置付けをどのように考えているかということかもしれない。病院を構成する大切なメンバーなのか？ 単に病院が機能するためのメンバーなのか？ まずは、上記2点が出発点だろう。さらにいくつかの要件は出てくるが、はじめの要件は院長が心から考える「スタッフの位置付け」だ。

絆

テレビでワールドカップを見る機会が多い。いろいろな国のチームがあるが、その中でもアルゼンチンがとても調子よく感じる。その要因は監督のマラドーナにあるのかもしれない。監督と選手が一体化しているのが画面を通じてよく分かる。また、破天荒な行動でプレスなどの注目を選手以上に受けて、選手が受けるプレッシャーを軽減しているのではないかとも感じる。昨日の会見では、南米予選で選手に厳しかったマスコミを攻撃していた。このようなことで、選手と信用以上の絆ができているように感じる。絆によって一体化した組織は強い。

モチベーション

業績に対して院長のモチベーションは大きく影響する。やはり、院長の意識がスタッフにも伝わる。しかしながら、目標や自分に対するご褒美を定期的に設定しないとモチベーションは下がる。あるクライアントさんは売上目標を立て、それを達成したらバイクを購入すると設定した。長く経営しているとマンネリ化が起きる。院長がワクワクする目標を立ててもらいたい。

動物看護士の生産性

いろいろな院長から動物看護士の生産性についての質問が出る。看護士の生産性は一概に測りにくいが、3つの基軸になると考えられる。1．看護士本来の診察や処置業務　2．病院全体の集患や単価アップなどへの貢献　3．個人のスキルやキャラクターで集患や単価アップを実現、という基軸である。1番の項目はスピードとの兼ね合いがある。時間を評価軸に入れないといけない。最もレベルの高いものは3番であるが、個人の能力に左右される。しかしながら、これからの時代3番の実現が重要になる。採用基準にも「生産性をあげることができる可能性があるか？」という視点を入れなければいけない時代になってきている。

視点の変化

クライアントさんが現在取り組まれている治療方法を聞いた。詳しいことは割愛するが、細胞に刺激を与え活性化させ自然治癒力を高めるものだという。ディスカッションをしている中で、アンチエイジングの切り口で打ち出せないかと考え出した。また、アンチエイジングの検証のため骨や血管などの強さが分かるような検査までイメージできた。

病気の治療以外の目的を追加し、研究する方向性が打ち出せた。視点を変えると可能性はドンドン広がっていく。

行動による展開

昨日猫カフェオープンのための物件探しに同行した。不動産会社が閉まっていたため、現地を回りながら、空きテナントの情報を収集した。管理会社にその場から電話し、つながった会社から物件を紹介してもらうのはもちろん、他の管理会社も紹介してもらった。そうすることで、次々に物件情報と管理会社情報、地域の情報が集まってくる。物件の中を見ることもでき、昨日中に候補物件を絞ることもできた。決裁まで

のスピードは重要である。行動による展開を広げ、そして絞る。これが、スピードと質を高めるサイクルである。

前を向くこと

うまく行かない時に、原因を探ることは大切である。しかし、答えのでない原因を突き詰めていくと時間がかかりすぎ、次の行動に移りにくい。その時には、思い切って原因追求をやめ、前を向いて行動することが必要になる。過去オール善という言葉がある。前を向くための重要なキーワードである。

ステージによる課題

最近経営相談を多くの動物病院から受けている。短期間に集中して経営相談をすると傾向が見えてくる。多くの病院は、ステージが変わるごとに必要になることを、なかなか構築できていない場合が多い。今まで行ってきて成果が出たことに囚われ、新たなステージに必要な手法を構築できていない。規模が小さな頃に、待合室のポスターに効果があった頃の思い出から、ポスター作りなどに熱中する院長がいらっしゃる。今はスタッフ数が多くなっており、人材力を強化することがまず大切になっている。規模により、予防、検査、処置、手術などの売上構成比や売上金額が激変する。このことを俯瞰して見ないと、効率的に経営に割く時間が作れない。

わけあり

わけありで安くなる商品が売れている。形は悪いけれど、品質は良い野菜などだ。中流以上の消費者は安かろう、悪かろうでは割引があっても購入しない。わけがあるから安くなるが質は良い、というものが売れているのだ。動物病院経営においても割引をするケースはある。質を維持し、安くなる理由を分かりやすく説明して訴求することが重要になる。

軸

コンセプトがないと軸がズレてしまう。ある程度高い技術サービス力で高単価の病院を目指すか、地域密着でアットホームな病院を目指すかは大きな違いである。最初の経営相談で、軸が感じられない方が多々いらっしゃる。このような方は、まず軸がブレていると認識することが出発点である。次に、自分自身の長所や興味と地域を知ることが必要になる。そこから、真剣に考えていけば軸はできていく。変化の激しい時代である。軸はとても重要になる。

コンセプトは眠っている

あるクライアントさんと一緒に経営理念を作成した。作成と言っても、院長が考える動物たち、飼い主さん、スタッフに対する想いや経営に対する考えをヒアリングしながらまとめていくことが主体である。ディスカッションしていくと、院長が意識していない潜在意識から想いが湧き出てくる。まとめた文章を見て、さらに頭が整理され想いが言葉になる。院長や病院の中には、意識できていないが眠っているコンセプトがある。一度自分の中に眠っている想いを整理してはいかがだろうか？

新業態

ディスカウントストアのドン・キホーテの新業態に「あべこべ屋」というものがある。季節が逆の品揃えをする店で、夏に冬物商品、冬に夏物商品を販売する。保管コストなどを低減できるため半額近い割引で販売している。このような視点で展開をしているディスカウントスト

アはない。誰もやっていないから、自信を持っている。視点を変えると、新しい業態はまだまだ出てくる。いかに既成概念をなくすことができるかがポイントだ。

感情による来院

動物病院に来院する飼い主さんの感情は、行きたくない（否定感情）→ 行かなければ（脅迫感情）→ 行こう（肯定感情）→ 行きたい（自発的感情）という段階に分類できる。この段階をあげて行くことが、継続的に頻度高く来院してもらうコツになる。人は理屈ではなく感情によって行動するからだ。基盤となるのはやはり接遇力である。人は触れ合いによって、感情に変化を起こす。接遇力の強化は、医院の絶対課題である。

既成概念を壊す

病院の企画は、今までの動物病院の既成概念を壊すようなイメージでチャレンジしている。ダイレクトメールを送付するにしても、既存のダイレクトメールのハガキを特別に加工できないか？ 他業界で実施している新しいマーケティング手法の展開はできないか？ と常に考え実施している。既成概念を壊すくらいの強い気持ちがないと思い込みを壊すことはできない。クライアントさんと協力し、新しい手法を構築していく年になりそうだ。

優秀なスタッフ

優秀なスタッフを獲得することを院長は求める。これは重要なことであるが、一つ落とし穴がある。優秀なスタッフが一人突出していると「この人にはなれない」と思うスタッフが辞めていく、という負の循環が起こる可能性があるのだ。それを防ぐためには、他のスタッフを院長がフォローしていく必要がある。また優秀なスタッフでも昔はできなかったということを敢えて話すことも有効になる。組織のバランスコントロールも院長の大切な仕事なのだ。

あえて値上げができるか？

最近は景気の動向から低価格化が進んでいる。これは時流である。時流に適応する上では正しいと思う。しかし、自信があるメニューをあえて値上げすることも一つの手法である。健診ドックや高度な手術などをあえて値上げすることも良いかもしれない。低価格化に反して値上げをすることは、それだけ自信があり価値があるように認識される可能性がある。もちろん、価値を高め、その価値をきっちりと表現しなければならない。低価格化というポジションの逆側にもチャンスはある。

納得感

インフォームドコンセントの際に、納得感を高めるために、ペーシングやミラーリングという技法を使う院長もいる。ペーシングとは、相手が話すペースに合わせて説明する技法である。ミラーリングとは、相手が行った仕草などをそのまま鏡に写ったように真似る行為である。上記のようなテクニックも納得感を高めるために技法としてある。ただ気をつけなければいけないのは説明内容の明瞭さである。基本は、相手を思いやる気持ちだということを忘れてはいけない。

宣言

最近、宣言することで割引などを得るマーケティング手法が増えている。あるクレジットカード会社は、ネットから「自社のカードを○○の支払い時に使用する」と宣言すればポイント

などが2倍になるサービスを始めた。クライアントさん自身が宣言することで、強い約束になり離脱も防げるという。動物病院でも宣言することに絡めた企画を構築中である。また、この宣言はマネジメントでも活用できる。宣言という行為は、約束する以上の強さを持った言葉だ。

知覚に訴える

マーケティングは商品の説明を表現するのではなく、受け手の知覚に訴えなければならない。動物病院においても同様である。「痛みをなくす」という表現より「シクシクとした痛みをなくす」という表現の方が飼い主さんも動物の痛みがイメージしやすい。このような知覚に訴える表現も大切にしてほしい。

チーム力のバロメーター

院内を一体化し、チームとして運営することは大切である。チーム力が上がっているかを測るバロメーターのひとつに質問がある。いろいろな質問がミーティングの時に出るかどうかが、ひとつの目安だ。下準備として、メンバーと話をするときに、相手のペースに合わせて話したり、身振りや手振りを真似ると一体感が生まれやすい。これをペーシング、ミラーリングという。質問などが出てくる活発なミーティングを目標に、徐々に一体化をはかることが大切である。

緩やかな夢

目標をきちんと立て、売上を何年後、このくらいにしたいと考えている院長もいる。しかし、漠然と「手狭になったから移転したい」「自分自身に時間が欲しいから、勤務医を一人雇いたい」という夢しかない院長も一部にはいる。しかし、その漠然とした夢を少しだけ深掘りすれば目標を作ることは可能である。移転するための費用や一人の勤務医の稼ぐ生産性などを、緩やかな夢に当てはめていけば売上目標ができる。そして、自分自身の年齢などから時期をイメージすれば、数値目標ができ上がる。緩やかな夢から始めてもいい。未来のビジョンを持てば、未来志向になる。

テーマと時流

昨日は3つのクライアントさんに、猫カフェ、開院時間、ホームページと別々のテーマでのコンサルテーションをしていた。テーマは違うが、根底にあるのはターゲットと時流である。猫との触れ合いを求めるが、飼うことができない人が増加しているため猫カフェのニーズがある。夜の活動が減りつつあり、朝方にシフトしている飼い主さんたちからは早朝からの開院の希望がある。ホームページは情報収集をきっちりとして病院を決め、失敗を避けたい飼い主さんへの対応のためのツールである。時流とターゲットを明確に把握しているとイメージが沸きやすい。どのようなテーマにおいても、時流とターゲットは重要な要素となる。

お一人様ターゲット

先日経営相談した動物病院は、可愛いオリジナルのTシャツを作っており、都心に位置するという立地であった。従来ならシニア対象の企画などを提案するが、雰囲気や立地から独身女性でペットを飼っている飼い主さん対象に訴求するように提案した。可処分所得から考えると、「お一人様」と呼ばれる独身女性は優良なターゲットゾーンになる。今ある状況とターゲットの整合性を加味して考えると、画一的でない切り口が見えてくる。お一人様ターゲットもひとつの切り口である。

お局

千葉県、埼玉県の協力病院向けの経営セミナーを行った。最後の質問で「昔から勤めている人のお局化をどう防ぐか？」という質問があった。この質問には、院長の「辞めてほしくない」という気持ちが表れている。この気持ちがあると、注意ができなくなり、新たな目標の設定ができなくなる。また、新たな目標設定ができないと院長が成長しない。院長と熟年スタッフの成長が病院の推進力の鍵を握る。

異質を受け入れる

家具のフランフランなどを展開しているバルスの社長は、自宅の家具は自社製品以外の家具でコーディネートしているという。他社製品に日頃から馴染むことで、他社製品の価値を受け入れている。やはり、異質なものを認めることから自分自身の成長があると思う。

今、自分たちの価値観の範囲内だけでは解決したり、成長したりするチャンスは少なくなっている。積極的に異質な価値観と触れ合う機会を持ちたいものである。

認める勇気と優しさ

コンサルテーションの際に、クライアントさんに耳の痛い話をすることがある。今まで行っていた事柄に変更をアドバイスするときである。そのときに、認める勇気を持ったクライアントさんは伸びる。多分、耳が痛い話をしている私の気持ちも考えて下さっているのだろう。認める勇気と優しさがあればさらにステップアップしていく。

承継

昨晩テレビで遺産相続の難しさを放送していた。大手文具メーカーが発売した遺言キットなども売れているという。引き継ぐという行為では、意思疎通と欲が重要な問題になる。病院を承継するという課題が、最近多く発生している。この承継問題においても、欲と意思疎通が重要な問題になっていると感じる。資産価値が折り合わない、承継する側とされる側との意思疎通がうまくできずトラブルが発生するなどのケースが多々ある。後継者育成ということも欠かせない。病院経営を永続させるためには避けては通れない問題になる。

がんばっている経営者

ある動物病院のクライアントさんでは、息子さんが経営するトリミングショップのコンサルテーションも行っている。今月は新規客を増やすため、ティッシュ配りを行った。以前は新規客は月に2名ほどだったが、今月は20名の新規客が来客した。その新規客には紹介客が多々いるが、経営者が駅などでティッシュ配りをしている姿を見て紹介してくれたお客様もいる。経営者が行動していると応援してくれる人が出てくる。この経営者は20代である。

2番まで

過去多くの業界での競争は3番までの企業で成り立つことが多い。最終的に2番までに集約されるケースもある。今回の牛丼の安売りも上位3社が競いあっている。これは、地域の中でも当てはまるかもしれない。上位3位までが、ある一定の安定シェアを確保できる。3位をまずは目指したい。

感情伝達

3カ月程あるクライアントさんの院長から、スタッフのホウレンソウ（報告・連絡・相談）

の頻度や精度の相談を受けている。ダイレクトなホウレンソウもあるが、伝言ノートやメーリングリストによるホウレンソウもうまく機能していない。院長は、このホウレンソウがないことに対して、大きなストレスを感じている。このような状況では、皆の前でストレスがとてもかかり感情的になることを見せてしまう。スタッフ達がホウレンソウを軽く考えるのは、ホウレンソウの重要性を理解していないからだ。実は、この重要性はホウレンソウされる側にならないと気付かない。しかし、とてもストレスがかかってしんどいという感情は理解できる。しんどい感情をイメージできるように、伝えることも一つの指導である。

安心訴求

病院の治療で失敗したくないという飼い主さんが増えている。そういった人たちに向けて安心感を出すために、いろいろな訴求をしなくてはいけない。ランキングや検査実施人数、症例数などを発表することも安心感が出る。失敗したくない気持ちをきっちりとらえれば、いろいろな安心訴求ができる。

スタッフ力

あるクライアントさんの決算が出た。売上は残念ながら5％程度減少した。しかし、地域的に不況の影響がかなり出やすい場所であった割に減少率は少なかったと感じる。さらに動物看護士による仕入れのコントロールやコスト削減により、税引き前利益は10％以上伸びていた。これは、院内一丸となった結果だと感じる。特にコスト削減は、動物看護士の意識の改善が大きかった。今、動物看護士を主体にしたイベントなども自発的に計画している。スタッフ力が高まることによる効果は、計り知れない。

多様化への対応

あるラーメン店に行った。ベーシックなとんこつラーメンの店である。いろいろなトッピングがテーブルやカウンターに置いてある。張り紙には「当店のラーメンはコーヒーでいうブラックです。いろいろなトッピングを加えて、好みの味にして下さい」というメッセージが書かれている。これは、多様な好みに合わせた対応であるとともに、オリジナルのアレンジをすることを奨励している良いメッセージであると感じる。このお店は繁盛していた。

リーダーの心構え

ラグビーの元日本代表で、何度もキャプテンを勤めた平尾さんは、高校時代から「媚びない、キレない、意地を張らない」ということを徹底していたという。これは、とてもニュートラルな状態である。大勢の人を引っ張っていくというよりも、ニュートラルに付き合っていくようなリーダーシップである。この感覚がキャプテンとして何度もチームを勝利に導いた。院長もまず、この心構えを真似してみてはいかがだろうか？

夏時間

猛暑のため飼い主さんが来院する時間に変化が出てきた。涼しくなる朝や夕方に集中する傾向が出てきている。ある動物病院では、開院時間を季節によって変えている。飼い主さんの行動を考え、合わせる必要が出てきている。柔軟に対応できる体制が必要である。

「だから」と「だけど」

スタッフがよく使う言葉に「だから」と「だけど」という言葉がある。普段あまり意識して

いないが、この2つの言葉を上手に使うとポジティブな気持ちになれる。「だから」という言葉は、ポジティブな言い回しで理由を説明すると、前向きな行動につながる。また「だけど」という言葉を使うと、ネガティブな理由でもポジティブな行動をする動機になる。例えば、仕事「だから」きっちりする。命令「だけど」楽しんで実施する。このような言い回しになるように意識付けするだけで、ポジティブな気持ちになりやすい。心の中で使うことも考えると、かなり多用できる言葉である。ぜひスタッフに言い回しを教えてあげてほしい。

基礎データ

徐々にではあるが、基礎データから売上構成比を算出している。動物病院ごとに比率は少しずつ異なる。比較できることで、自院の現状を客観的に見ることができるようになる。まだまだ始めたばかりだが、基礎データからの分析を継続させていきたい。

属性

テレビで都内の焼肉店で普通の肉を無料にしたものと、良い肉を半額にしたもの、どちらの注文が多くなるか実験していた。ある区では無料を選択した方の肉の注文が多くなり、ある区では半額の方の肉が多くなっていた。同じ都内でも、属性が異なる結果になっていた。これは、自分たちの病院でもありえる現象である。来院している人をしっかり見据えた属性把握ができれば、提案は活きてくる。地域の属性と合わせて考えたい。

小さな成功体験

あるクライアントさんの分院長が、飼い主さんにきっちりと提案してくれている。昔は提案するのが苦手で、あまりしていなかった。ちょっとした提案が飼い主さんに受け入れられたのが変化のきっかけだったように感じた。小さな成功体験だったかもしれないが、大きな自信になったようだ。小さな成功体験を積み上げることで、大きな活力を生む。まだまだ、この分院長は伸びるだろう。

利益構造

利益構造を理解しているスタッフは意外と少ない。赤字という言葉は聞いたことがあるが、それはどういうことかという意味の理解ができていない。先日もスタッフ研修で、利益構造を話した。意味が理解できると、スタッフ1人1人が行動する糸口が見えてくる。仕入れを意識しただけで年間250万円ほど売上総利益が増えた動物病院もあれば、残業を意識した結果、税引き前利益が130%UPした病院もある。利益構造を分かりやすく、意識付けすることも教育である。

誠意

あるメーカーのフードにサルモネラ菌が混入し回収されている。動物病院が回収する義務はないが、あるクライアントさんはダイレクトメールを出し、動物病院として回収し別メーカーのフードサンプルを渡している。これは、飼い主さんに対する誠意である。責任の所在ではなく、飼い主さんを見ているからこそできる行為である。このような誠意は病院の業績に影響する。もちろん、このクライアントさんは昨年比10%以上UPを不景気でも続けている。

秋に向かって

まだまだ暑い日が続くが、8月も半分過ぎた。すぐに9月に入り秋になる。もうそろそろ秋の

企画をイメージする時期である。運動会などの行事や秋冬で多くなってくる症例などからイメージしたい。

目標達成

あるクライアントさんと10年前に立てた目標が今年達成する。目標のひとつは、当時の売上の約4倍を達成することであった。感無量であるが、すぐに新しい目標が出てくる。海外進出や動物病院以外での経営など次々に新しい目標が出てくる。目標達成はゴールではなく、スタートであると痛感した。

共有化

電子書籍が充実しだしている。電子書籍を使った新しい読書の形としてソーシャルリーディングというものがある。これは、ネットワークで電子書籍を繋ぎ、感想や重要だと思った文章などを共有するというものだ。繋がりを持つ形が、ITの進歩によりさらに活性化している。飼い主さん同士での情報共有の形も変わる可能性がある。今後は、手軽に情報を共有化するツールが充実するかもしれない。

立場

ある会社の管理職であるチームリーダーと話した。まだ、年齢的には若く、同期は管理職になっていない。発言や物の見方は、同期とは違う切り口になっている。これは、リーダーという立場から物事を見ることで変わって来ているのだろう。立場が人を作るという言葉もある。違う立場になることで成長する。一方、能力がまだ足りないからリーダーにしない、という院長が多い。もちろん、怖い部分もあるが、リーダーに据えることで成長するケースもあるのだ。

社会貢献

アメリカのある調査では、ベビーブーマー世代とその子供たちの世代は、環境保護や社会貢献をするような製品に対して好意的であると報じている。これは、日本でも同様かもしれない。心の充足を得たい人は、競争に疲れた世代だろう。貢献することによって、自分たちの存在価値を認めるのかもしれない。その意味では、受験などで競争の激しかった世代は、社会性が高い商品やキャッチコピーが琴線に触れる。動物病院はある程度、社会性の高いことを実施している。発信すれば、応援してくれる人が増える可能性が高い。

誰に訴求するか？

キャッチコピーやダイレクトメールの文章は、誰に訴求するかということが重要だ。自分に対する訴求であると感じないと、読み飛ばされてしまう。動物病院の場合は、広い意味のターゲットは飼い主さん全体である。年齢別ではシニアなどだ。動物種では、犬、猫、うさぎなどが対象となる。そして病気別では腫瘍などだ。要は、ターゲットを広げるなら、単一要素で訴求して、狭めるなら要素を複合する。「シニア」の「犬」を飼っていて「腫瘍」を治療したい飼い主さんなどだ。情報が溢れている時代、狭い対象に訴求しないと反応が薄い。ボリュームを確保したいなら、狭い対象に対する企画自体を多く作るという考えが必要である。

ターゲットの切り口

ランニングブームであり、皇居の周りなどをサラリーマン達が出勤前や後に走っている。それに後楽園にある温浴施設のラクーアが目を付けた。ランナーを対象に朝早くと夕方から深夜

にかけてロッカーを利用し、ランニングした後に格安で温泉などを利用できるプランを販売した。これは、ブームによってターゲット数が確保でき、温浴施設の利用シーンがイメージでき、かつ閑散とした時間での施設の有効活用という、いくつもの要素が重なり合って出てきたターゲットだと想像できる。これはとても良い切り口での顧客開拓である。飼い主さんの活動時間や生活形態によっても、開院時間や開院曜日、イベントなどまでいろいろな切り口が見つかる。ぜひ一般的な飼い主さんや来院している飼い主さんをイメージし、新たな飼い主さんの層を開拓して欲しい。

新しい情報

待ち時間の解消のため、予約システムを導入する動物病院もある。しかし、急患が入ったり、予約しても待ったりすることでうまく稼働しないことも多かった。また、コストが高く、効果と見合わないケースも多々あった。最近、機能をブラッシュアップした予約システムが出てきた。あるクライアントさんも導入を検討しだしている。情報を得れば、便利なツールが増え出している。再度、情報を集めてはいかがだろうか？

ストーリー

ある院長が獣医師になったきっかけをストーリーにした。何人かのクライアントさんで実施しているが、それぞれいろいろな想いがある。この想いは飼い主さんの関心を引く。あるクライアントさんではストーリーを待合室に置いたところ、多くの飼い主さんの関心を引いたことに驚いていた。規模が小さいときは、院長個人のブランドが病院のブランドになる。独自性は院長自身にある。ぜひ自分のストーリーを明文化して欲しい。

クライアント対象

飼い犬のうち7歳以上の高齢犬が55%を占めるということを聞かれた方も多いだろう。しかし、飼い主さんの年齢までイメージはしない。仮説になるが、7～10歳位までの犬の飼い主さんは50～60歳位までの方がボリュームゾーンだと考えられる。子供が小学校高学年くらいのとき犬を飼い始め、犬が7歳以上になった時に子供は大学生や社会人になる。犬の面倒は、50歳代の両親がみることになるというパターンが多いと考えられる。では、この年代の特徴はどのようなものだろうか？ 団塊世代のひとつ下の世代である。マインドや嗜好、ライフスタイルなどをイメージすれば、高齢犬を飼っている飼い主さんへの訴求力を高めることもできる。

コンセプトによるスタンス

企画を常に提案しているように思われるが、実は企画を実施していないクライアントさんもある。内発的な動機付けだけで、業績があがるケースもあるからだ。また、コンセプトによって企画が合わないケースもある。病院のコンセプトは重要である。コンセプトがスタンスを決める。

季節

だいぶ涼しくなってきた。猛暑が終わり、秋になったが、今後さらに寒くなる予報だ。動物たちの体調変化もあるだろう。先日、セミナーでも健康診断のことを話した。健康診断を訴求するには適した時期である。

職人芸

子供のころから通っているとんかつ屋さんが

三宮にある。大将が揚げるとんかつが絶品で、何十年と通っている。弟子の人や息子さんが揚げたとんかつも食べたことがあるが、ジューシーさが全く違う。職人芸とは、このようなことだと実感する。唯一無二の技法まで高めたレベルが職人芸である。この職人芸を持っている病院や企業は強い。目標となるレベルが高く、目指すべき人がいるため底上げが図りやすいからだ。最後に残るのは職人芸かもしれない。

通信販売

不況の影響により、通信販売の調子がいい。特にテレビ通信販売のジャパネットタカタの調子がいいらしい。ジャパネットタカタは使い方などの解説が分かりやすく、お年寄りから支持されているということだ。使用の時に相手の立場になって説明することは、値段とともに重要だと感じる。インフォームドコンセントは同じ意味を持っているのだ。

カテゴリーの切り口

渋谷のちとせ会館に渋谷肉横丁という飲食フロアがオープンした。肉をコンセプトに焼肉店や牛タン店などが集まっている。カテゴリーでくくる切り口は、今までになかった。柔軟に考えると、切り口はまだまだ広がってくる。動物病院でも診療科や種別だけでなく、嗜好や行動特性でカテゴリー分けできる。切り口は無限である。

即時処理

あるクライアントさんとのコンサルティングのときに、ホームページをリニューアルすることを決めた。そこから3台のパソコンを用いて、イメージの良いホームページを探したり、サイトマップを作成したりした。約1時間程で業者に見積もりがとれ、さらに原稿の目次レベルまで項目が決まった。やはり、即時処理することが経営のスピードアップに繋がる。時間は重要な経営の要素になっている。ぜひ即時処理を心がけたい。

記念日

インターネットのサイトでいろいろな記念日を検索できるサイトがある。どんな日にも、記念日があり意味がある。例えば11月22日はペットに感謝する日である。記念日は年に一度しかない。そのため、希少性がありイベントや企画も意味を持ちやすい。記念日を絡めた企画やイベントをお勧めする。

できることによる収益力

あるクライアントさんは、この不景気にも関わらず売上116%アップと調子がいい。患者数は微増だが単価が大幅にアップしていることが要因である。院長は機会があれば勉強やオペの見学に行き、技術を習得している。また、興味や自信から提案力も高まっていると感じる。マーケティングなどの経営手法も大事であるが、獣医師としての臨床能力アップも重要である。日曜日のテレビドラマで、獣医師への世間の注目は高まっている。今こそ、自身のすべきことを見つめて欲しい。

50代の車好き

50代の人達は、ミニカー世代であり車好きの人が多いらしい。乗用車保有台数も多いようだ。ある調査では、旅行の時にペットの受け入れ先に悩むという比率が一番多い世代になっていた。この50代前後は7～10歳くらいまでのペットの飼い主さんに多いと予測される年代である。このような特性からもいくつかの企画を考えるこ

とができる。動物だけでなく、飼い主さんからもイメージが膨らむのだ。

インパクト

最近の不景気により、飼い主さんの財布の紐は堅い。よく無料歯科健診などをするが、普通にスケーリングを提案するだけでは実施してくれないという。口の中の菌を顕微鏡の映像を使ってみせ、口頭での説明もしっかりと話さないと、検査から次の処置までつながりにくい。インパクトがないと、あえてお金を使おうとは思わない。どれだけ必要性を強く訴求できるかが、これからはさらに重要である。

謙虚という能力

この時代でも業績の良いクライアントさんの共通点は、謙虚なことである。謙虚に自分たちを見つめて、経営を考えている。アドバイスにも謙虚に耳を傾けてくれる。最近、この謙虚さというものは、ひとつの能力であると感じるようになった。もちろん、後天的な能力の部分もあるが、いくら謙虚になろうとしてもなれない人が多いような気がしている。自分を等身大で見つめて、アドバイスなどを一度、自分の中に入れるということは、簡単そうで難しいのだろう。

経営計画

あるクライアントの院長から、自分には3カ年計画が見えないと相談を受けた。よく、経営の本などでは、将来の計画を立てて、それに向かう年にしなければいけないと書いてある。しかし、計画にたどり着かない不安や追い立てられる感覚になり、うまくいかないケースも多々増えている。最近では、計画は1年程度でそれを楽しみながら実施していくということを提案する本も増えている。あるクライアントさんはいつも5年計画を立てて発表していたが、今年はそれぞれのスタッフが作った計画を積み上げて発表した。「組織は戦略に従う」という言葉と「戦略は組織に従う」という2つの言葉がある。どちらも正しい時代になってきた。

癒しを求めて

あるクライアントさんの病院に行く時にタクシーを使った。行き先が動物病院だったため、運転手さんが自分の家で飼っていた犬の話をしてきた。最近亡くなったらしいが、13歳まで生きたらしい。今は寂しいが、新しい犬を飼うつもりはないという。しかし話をしていくと、最近猫も可愛くなってきたという話になった。運転手さんは65歳ということだが、癒しを求めているということがヒシヒシと伝わってくる。このような、癒しを求める飼い主さんは多くなっているのだろう。その癒しは動物の種類は関係ないのかもしれない。

猫に対するブーム

あるクライアントさんから、猫に対する予防や検査の定着化ができないか、相談を受けた。例えば、犬ならフィラリア予防が春に定着している。このような定番予防を猫でもできないかということである。これは一病院の力では難しい。しかし、病院が連携し飼い主さんに啓蒙すれば可能性はある。今年から徐々に、このような連携する試みができないか模索していくつもりだ。まずは、猫の尿検査と定期駆虫で企画しようと思う。ネットワークが力になると信じている。

立地開拓

駅ビルで有名なルミネが、有楽町の百貨店撤

退後、商業施設を開発する。駅以外の場所では、初めての開発らしい。20代に支持されるテナントミックスを武器に新しい立地開拓に挑む。得意とする立地が飽和状態になると、新しい立地を開拓する必要性が出てくる。充実したソフトにより、開拓の可能性が広がっていく。動物病院も飽和状態になるケースが多々ある。その時には、分院開発はひとつの手段となる。現在の病院でソフトを充実させれば、立地開拓は容易になる。

良いものにかける費用

高級住宅地の分譲など、良いものに対する費用はたとえ高額でも支出する傾向にある。では、良いものとはどんなものか？　稀少性があったり、安全であったりするものになるだろう。なぜ、どこが良いかということを明確にすれば高額でも消費者は支払う。動物病院でも腹腔鏡や血液凝固検査など、安全なことをしっかり説明した提案で実施してくれる病院に飼い主さんは定着する。良いものの理由を明確にしたい。

牛丼

吉野家が復活しつつある。吉野家は競合店が低価格をすすめる中、牛鍋という牛丼と違う商品を開発し巻き返しを図った。最近ではこの低価格メニューが好調になり、業績が上向きになった。低価格メニューで集客を図り、従来の看板商品の牛丼は価格を維持して収益商品を確保している。一方、他の会社の牛丼は低価格路線で販売される。牛丼の競争は、非常に大切なマーケティング要素を含んでいる。

成功者

昨日深夜のテレビ番組で、有名な焼肉店の店主が集まり座談会を開いていた。肉の食べ方には塩がいいか、タレがいいかなどの議論をしている。内容はともかく、店主の議論する姿勢が謙虚である。自身が話したこだわりと逆のこだわりの意見もきちんと聞いて、受け入れている。数人の店主が話していたが、すべての店主に共通する姿勢であった。このような姿勢だからこそ、成功し有名店になったのだろう。

個人目標と組織目標

発行予定の本（本書）に掲載するスタッフインタビューを行った。チーム力を高めるにはどうしたらいいのか？　というテーマの本である。病院の経営や一体化に貢献しているスタッフにインタビューし、記事を掲載する。インタビューで感じたのは個人の目標と病院の目標の方向が同じだと、モチベーションはあがりやすく、継続しやすいということだ。約10年間勤務しているスタッフもモチベーション高く仕事されている。個人と組織の目標のすり合わせは非常に重要であると再確認した。

やさしい

先日クライアントさんのホームページに入れるコンセプトを作った。そのポリシーは「やさしい治療」であった。やさしいという言葉はありふれているが、追求していくと深い意味を持つ。動物たちに負担の少ないやさしい治療をするなら、知識や技術が要求される。飼い主さんにやさしいなら、不安を取り除く接遇や察知力、さらには費用面の配慮まで出てくる。やさしいという概念は様々である。やさしいということは結果と責任を伴うことである。

聞く耳と判断

ある動物病院では、スタッフの人数が不足しているため、アイデムという媒体でスタッフを

募集している。40歳前後の主婦の募集は多くある。しかし、既存のスタッフが若いと、年配の人は採用されないという結果になる。ただいろいろなクライアントさんで40代の方が戦力になっているのも事実だ。採用基準を決める際に既存のスタッフの考えを強く受けると、チャンスを失うケースになることもある。意見を聞くことと、判断基準にすることは違うのだ。

携帯電話の二極化

携帯電話の販売において、高機能のスマートフォンと機能を絞った「らくらくフォン」などの携帯電話が売れているという。購入する人のニーズや嗜好が二極化していることが要因である。消費者は「ソコソコ」という中庸なレベルを求めなくなってきたのかもしれない。ここまで極端でないかもしれないが、飼い主さんも「ソコソコ」では満足しない時代になってきた。自分たちの長所を見つけ、磨いて独自性を出して欲しい。

スタッフ力

あるクライアントさんのスタッフと企画について話した。そのとき企画とアイデアの違いが理解されていないことに気付いた。企画とは狙いがあり、その狙いを実現する段取りを付けることだ。例えば、無料歯科健診からスケーリングにつなげる考えがあるなら、スケーリングの説明方法まで合わせて検討する必要がある。このようなことをお話ししていくと、スタッフたちはドンドン吸収していく。スタッフ達は重要な推進力である。院長一人で考えるのではなく、スタッフの力を借りてはいかがだろうか？

ニーズ喚起

あるクライアントさんで、少しずつ猫企画が動き出した。正直、反響率は猫企画が一番悪い。しかし、犬が減少し猫が増えているという現状（内閣府発表）では猫に対する企画は避けられない。これからは寒くなり猫の病気も多くなる。ただし企画より先に飼い主さんに啓蒙することを忘れてはいけない。顕在化していないニーズを喚起することが必要である。

完全市場

経済学の中では、市場全てに情報が行き渡っている状態を完全市場という。完全市場では、人は合理的な行動しかしない。しかし、現実ではこのような完全市場は存在しづらい。

特に動物病院は広告規制の関係もあり、情報が全ての飼い主さんに完全に伝わることはない。このような状態で課題になるのは、価格である。一部の飼い主さんからの発信により、価格を下げることもある。しかし、その情報がある特定の人だけにしか受け入れられないことも多々ある。また、価格も現実的には高くなかったと後で気付くこともある。完全市場でない前提だと、安いからといって飼い主さんは動かない。

サポート制度

写真館を展開するスタジオアリスは、結婚退職したスタッフを組織化し、需要が多い時期になると1日単位で退職者を雇用している。写真館は需要時期と閑散時期の来店数に格差があるためである。動物病院でも、この考えは通用すると考えられる。応募があったときに採用できない状態であれば面接しない人も多いが、将来のためにつながりを持つことも必要かもしれない。人材情報を確保することも大切である。

効率化

昨日テレビでエアーアジアという格安の航空

会社について放映されていた。スピーディーな発着や機内での有料販売、客室乗務員の清掃係兼務などで効率化を図り、航空券を割安で販売している。効率化することで、無駄が省かれ、お客様の価格に反映できるようになる。また、機内販売は歩合で客室乗務員全員に一律で反映される。これは、一体化を図る上で有効かもしれない。今、航空会社は競争が激しい。今までの常識を破り、お客様に還元でき、支持される航空会社が残ると感じた。

現場力

院長とスタッフ向けの本の執筆から派生し、動物看護士を養成する学校とのつながりが発生しそうである。就職する現場である動物病院において、どのような能力が本当に求められているか知りたいというニーズである。そもそも、現場と学校には意識のズレがある。しかし、お互いが歩みよれば、教育段階から現場で運用する力が付いてくる。現場と教育が、緩やかだが、発展的なつながりを持つようになってきた。

対談による効果

先日来年発行予定の院長、スタッフを対象とした経営の本（本書）に入れるインタビュー記事のため、対談を行なった。経営面においても、とても力を発揮しているスタッフの方との対談である。

対談を通じて、今までそのスタッフの方について知らなかったことが、ドンドン見えてくる。モチベーションが上がるきっかけなど、このように感じたのかと、目からウロコであった。ヒアリングと対談は質問の目的が変わるため、答えの内容が違ってくると感じた。

体感

自然の素材を使った化粧品を扱うラッシュというお店の業績が良い。商品そのものの魅力もあるが、石鹸を泡立てたものを触ってもらったり、香りを感じてもらったり五感に訴求する販売を行なっていることが大きい。納得してもらう上で体感することは重要である。動物病院でも、体感が重要になる。

韓流マーケティング

韓国の車、家電などの企業の調子が良い。先日日経新聞で企業視点ではなく、国視点の解説があった。昔アメリカが映画俳優を売り出すことからアメリカに対する憧れを作り出し、車などを国際的に販売していた時代と似ているという。K－POPなどでトレンドを作り出し、韓国に対して好意的な状況を作り出し、商品の販売につなげる戦略という。さらにこのマーケティングの段階を様々なアジアの国に付けている。ちなみに、日本は3段階中2段階目という。このマーケティングの視点は面白い。憧れや好意を感じてもらうことを入り口にするマーケティングである。

セミナー参加層

動物臨床医学会でランチョンセミナーを行なった。おかげさまで盛況であった。参加してくださった方は様々であった。今までのセミナーは、30〜45歳位の院長が中心だった。しかし、今回は60歳以上と思われる院長や若い看護士の方や勤務医の方なども多数いらっしゃった。抽選だったことも影響しているのかもしれないが、新たな層の方が経営に興味を持ち出していると感じた。売上減少などの影響かもしれないが、皆さん真剣に聴講してくださった。ぜひ前向き

に経営を楽しんでもらいたい。

リバースコーチ

40代からはリバースコーチという「自分を生まれ変わらせてくれる人」が必要だとある本に書かれていた。最近までよく言われていた「メンター」は指導者や助言者という役割でどちらかというと年上のようなイメージがあり、なかなか探し出すことが難しい。しかし、リバースコーチは年齢や職業など関係なく、自分が楽しくなったり、気付きを与えてくれたりする存在なので見つけやすい。私自身も年上の方だけでなく、年下や趣味の仲間から考え方のヒントを得ることが多々ある。アメリカではリバースコーチを探せと盛んに言われているらしい。40代以上の皆さんも、何人かリバースコーチを探してみてはどうだろうか？　自分がさらに生まれ変われるかもしれない。

認知的不協和

人が行動を起こした時、自分の行動が本当に正しかったのか疑問に思う現象を認知的不協和という。今きちんとしたフォローや説明などをしないと、認知的不協和の状態を打破しづらい。コンサルテーションの現場で病院の特徴や想いなどを整理し、情報発信するようにお話しすることがある。これは、追加情報によって認知的不協和を解決する役割も持つ。このような情報は再診の飼い主さんにこそ、必要なのかもしれない。

ファンケルカフェ

新宿駅にサプリメントなどを取り扱っているファンケルがドリンクコーナーを作っている。扱っているものは青汁で、100円から提供している。さらに、無料でサプリメントを混ぜてくれる。購入者を広げるためのパイロットショップとして、とても面白い試みだと感じた。

ふりかけ

テレビでハワイの流行を特集していた。驚いたのは日本のふりかけの活用である。日本ではご飯にかけて食べるだけであるが、ハワイでは調味料として使う。映像では、マグロに振りかけをかけてソテーしていた。これは既成概念でなく、日本とは違った視点でふりかけを活用した結果である。視点を変えれば、活用の方法を発見できる。これからは、このような視点が重要である。

質の向上

国産シャツメーカーに鎌倉シャツという企業がある。この企業は、不景気で質を落とし安価にする企業が多い中、あえて生地の質を高め、利益を削ったシャツを作り出した。このような時代だからこそ、損をしてでも質を高めブランド力を強める。これは、短期的には損に感じるが長期的にはブランドが確立し、収益につながる。やはり、ブランドは質からしか生まれない。なぜなら、信頼につながるのは質だからである。

面接シート

スタッフに対する問題が変わってきている。モチベーションの問題だけではなく、精神的な病気の問題まで生じている。クライアントさんでは昔から面接シートを使ってもらっているが、質問項目を変えるように提案した。例えば「自分を幸運と思うか」などメンタル面に考慮した質問などを追加している。かなりスタッフは変化している。スタッフの変化に対応できる仕組み作りが必要である。

つながり

　退職者を組織化して繁忙期に対応するサポートOGシステムが、クライアントさんの中で検討されだした。良い人材が寿退社した後、つながりを維持する仕組みである。優秀な人材は、すぐには育ちにくい。信頼できる人材とのつながりを維持していくことは今後重要な課題になると考えられる。

機能のパッケージ

　ある大手自動車メーカーでは、オプションの中に、機能をパッケージ化したメニューを作り出している。互いに関連するオプションを組み合わせパッケージ化するという。安全パッケージには、サイドエアバック、安全制御システム、オートウインド、ワイパーなどが含まれるという。このパッケージ化により、顧客の選択肢が簡単になると同時に、高額商品につなげやすい。パッケージ化は最も簡単なメニュー作りの手法である。動物病院のメニューでもパッケージ化するケースは多々ある。今一度院内を見渡し、パッケージ化を考えて欲しい。

チャネルの変化

　カタログ通販の千趣会は新しい販売チャネルを使うことを発表した。従来は、紙のカタログやホームページなどであった。今回の販売チャネルは、任天堂のWiiというゲームである。高い普及率とテレビ画面で注文することによる操作性などからWiiが新チャネルに結びついた。従来の発想にはないチャネル構築である。情報発信チャネルはどんどん変化している。自院の発信チャネルを見直すことも必要である。

調剤ポイント

　特定のドラッグストアなどでは、保険調剤の支払いの際の患者自己負担分の価格に応じてポイントを付けている。これに対して、日本薬剤師会や日本保険薬局協会などは反対の意見を持っている。利用者拡大を意図するドラッグストアと質を高めることが医療だとする協会との意見対立である。これは、どちらの意見も大切である。収益性と社会性のバランスが重要だからだ。動物病院でも当てはまる問題である。医療法人ではない動物病院は営利法人に当たる。しかし、社会的意義から考えると社会性の高い業種に当たる。ぜひ今一度、自院のバランスを振り返って欲しい。

理念と行動

　理念を行動レベルまでかみ砕いたものを作るべきか質問があった。動物病院の場合、一般的な職種と異なる部分が大きい。結論としては具体的なものまで砕いた方がベターであると答えた。

　コミュニケーションの頻度と社会経験の乏しい若いスタッフが多いことを考慮しなくてはいけない。ただ、具体的な行動を提示した後に考えさせるステップも必要になることを忘れてはいけない。

2種類のアドバイス

　アドバイスには大きくわけて2種類ある。失敗しないアドバイスと成長するためのアドバイスだ。似ているようだが、違ったアドバイスである。前者はどちらかというと「してはいけない」ことに焦点が当たり、後者は「した方がいいこと」に焦点が当たる。人育てがうまい人は、後者のアドバイスが多くなる。

ハイコンセプトとハイタッチ

　ある本では、これからの時代は左脳を必要とする論理的な仕事はコンピュータなどに代わられると論じている。仕事として成り立つのは、右脳を必要とする創造性などであると提言している。また、賃金水準が低く優秀な人材が多いインドなどにも左脳の仕事は流れていくと予想している。これは、医療も例外でないと書いてあった。
　事実、レーシックなどの手術が他国で安価に実施されており、施術した日本人も多い。やはり、このような時代に大切な能力は創造性やホスピタリティだと感じる。また、視覚に訴えるデザインなども論理では考えることは出来ない。創造性の高いハイコンセプトとホスピタリティ溢れるハイタッチ（心の触れ合い）を真剣に考える時代が、動物病院経営にも来ていると感じる。

時流

　若いギャルママが消費を牽引している。キラキラしたものなどを好み、まだ若い嗜好をもつ母親である。このような層を新たにターゲットに加えることを考慮することも考えられる。ターゲットとするなら、このような層の嗜好にあった待合室やツールも意識する必要がある。

こだわり消費

　世代年収は低くても、自分のこだわりのものは高額でも購入する消費嗜好が高まっている。オタクマーケットと言われる趣味に関する高額品などである。ある調査では、富裕層向けの商品を購入した世帯の多くは年収500万程度の世帯であったという発表もある。たとえ高額品であっても、こだわりのものなら一点豪華主義で購入する消費者は多い。
　動物病院においても、飼い主さんが自分たちのペットのためにこだわるものに対しては、高額のメニューを作ることはひとつの重要なポイントになる。飼い主さんのこだわりを把握することもお勧めする。

価値訴求

　価値をあげ値段をあげるアプローチは、不景気には大切である。値引きだけだと、利益を圧迫してしまうからだ。価値をあげるアプローチは、希少性やこだわり、価値の付加など様々な方向性がある。特別なスキルを伴う診療技術でなくても良い。注意点として表現はデフォルメ（自然な形態の変形）程度にしなくてはいけない。時々デフォルメ以上の、嘘に近い表現をしているケースもまれに見受けられるからである。価値を訴求し、リピートにつなげるためには価値訴求の表現は期待を高めすぎてはいけない。

ガラパゴス

　携帯電話などが典型だが、日本独自の規格などによって、独自性が高くなり過ぎて、世界でのシェアが低くなることをガラパゴス化という。突き詰めた独自性が、逆にデメリットになっているという意味で使われる経済用語である。しかし、これは世界でマイナスなことが起きても影響を受けにくいというメリットにも感じる。独自性を突き詰めていくと、真似ができなくなる。動物病院の場合、ガラパゴス化は強みになると思う。ぜひ、ガラパゴス化までなるように独自性を追求したい。

リスク

　経済状況や環境変化が激しくなっている。このような時代、「コストをかけずに何もしない」ことと「コストをかけて何か実行する」では前者の方がリスクは高い。これに気付かない人が

多い。また、意外かもしれないが「コストをかけずに何かを実行する」ということも「コストをかけて何かを実行する」よりもリスクがある。なぜなら投資をしないと本気にならず、実行の精度が落ちるからだ。「コストをかけて何かを実行する」ことにチャレンジしたい。

天候

動物病院は、天候で来院数が左右される。暑いと日中の来院数が減るなど、影響を受ける。しかし、天候によりサービスを変えている動物病院は非常に少ない。最高気温が33度以上になったときに割引をするサービスなど考えられるし、冷たいおしぼりを渡すサービスなどもできる。天候に左右されるからこそ、天候には敏感にならなくてはいけない。

モデルから学び、失敗から学ぶ

「ビジョナリー・カンパニー」という本がある。これは、全3巻あり1、2巻は成功モデル、3巻は失敗した経営モデルの法則をまとめている。「伸ばす」ことと「つぶれない」ことは似ているようで違う。黒字倒産などは、「伸びたけれど潰れる」良い例だろう。だからこそ、成功モデルと失敗事例から学ぶことが重要になる。自院の経営を考える場合、両面から学んで欲しい。

大義

あるクライアントさんから、人材の嗜好が二極化していると相談があった。このクライアントさんではインセンティブ（特別な報酬）を取り入れているが、インセンティブに反応しないドクターが増えだしているという。反応しないドクターのモチベーションの基盤は、やはり大義や社会性になる。病院の大義や社会貢献をしているという意識を持っているから、そこで働いていることに誇りを持つ。さらに、最近では働く環境が楽しいかという判断軸を持っている人も増えだした。モチベーションの源泉は変わっている。時代に応じた対応が必要になる。

スタッフのモチベーション

動物病院向け人材育成本（本書）をまとめている。振り返って整理していくと、やはり10年前と比べスタッフのモチベーションの源泉やホスピタリティの考え方などが変わってきている。この変化に対応する必要性を感じる。スタッフの成長やモチベーションが飼い主さんに対するホスピタリティにもつながる。人材の変化を受け入れて欲しい。

衰退のステージ

経営を科学した本「ビジョナリー・カンパニー3」では組織の衰退を5つの段階でまとめている。「成功から生まれる傲慢」→「規律なき拡大路線」→「リスクと問題の否認」→「一発逆転の追求」→「屈服と凡庸な企業への転落か消滅」の各段階である。いずれにせよ、過去の成功体験が足かせになる。逆に言えば、つねにこのようなステージを戒めにしていれば衰退を阻止できる。成功モデルと戒めの情報、双方を持っている院長は堅調な経営を維持できる。

一般的

昨日動物病院経営研究会を行った。メンバーが自分たちの事例を発表し、聞きたいことを他のメンバーに質問するという会である。毎回、意見交換の中から新しい発見がある。質問の言葉で、ひとつ意見を引き出しにくいものを発見した。「一般的に」という言葉だ。「一般的にどうですか？」という言葉ではなかなか意見が出てこない。

一般的という言葉はレベルや範囲が広すぎて参加者が戸惑う。したがって、あまり、アドバイスも出てこない。ディスカッション型の勉強会は質問力が重要だと感じた。

漢字

携帯電話やパソコンの普及により漢字が苦手なスタッフが増えている。しかし、動物病院では多くの書類があり手書きで記入することも少なくない。漢字を書けないストレスから、業務に対して消極的なスタッフもいるという。今一度、漢字など国語の教育が動物病院では必要なのかもしれない。(本書の付録－1スタッフのための漢字チェックテストをご活用ください)。

学ぶことの年齢

最近、クライアントさんの多くは新しいことを学ばれている。東洋医学であったり、獣医学以外では英語であったり様々である。皆さん、40歳以上であるが学ぶことに対するバイタリティーがある。学ぶことが経営にも良い影響をもたらす。素直、プラス発想、勉強好きが成功の三条件である。年齢に関わらず学ぶことは大切である。

香り

2000年から始まったアロマテラピーブームにより、最近の女性の嗅覚に変化が見られているという。従来より、強い匂いを好むという。ダウニーというアメリカの柔軟剤の販売が好調な要因は、このような日本人の嗜好変化らしい。待合室などの匂いに対して、飼い主さんは敏感である。異臭を消すのはもちろん、香りを付けることも考えてはいかがだろうか?

強くなるための試練

10年の間、お付き合いしたクライアントさんには、試練を受けた方が少なくない。スタッフがほとんど辞めたり、飼い主さんから訴訟を起こされたり、売上が急降下したり、様々な危機を乗り越えられている。その後、強くなる院長の共通点は、「人や環境のせいにしない」ということである。そのような試練の後、頑張って自己変革されている。10年前全てのスタッフが辞めた後、現在では20名のスタッフで組織化している動物病院もあるし、訴訟後クレーム対応力を付けられ、ノウハウを蓄積された動物病院もある。試練を糧にできるかどうかは院長次第である。ぜひ前向きに試練と向き合いたい。

見ている視点

病院の規模やステージによって、院長の見ている視点は異なる。規模が小さいとダイレクトメールなどに視点が行き、大きいと人に視点が移る傾向がある。この視点と当面の課題、ビジョンに整合性があるかが重要だ。視点が高すぎたり低すぎたりすると、課題やチャンスが見えない時がある。視点の切り替えを心がけたい。

発信による広がり

アドバイスを受けたのに、そのまま実行しない人がいる。本人にとっては、オリジナリティを出したいという気持ちなどからだろう。独自性を持って動くことは悪くないが、コミュニケーションを取らないと独りよがりになる。スタッフが勝手にルールを変えてしまうという相談を受ける時がある。これは、コミュニケーションがないため独自性が独りよがりになっている例である。ぜひ独りよがりになる前に、コミュニケーションをとっていきたい。

■著者プロフィール

藤原慎一郎（ふじわら　しんいちろう）

1971年兵庫県生まれ。関西大学卒業後、大手商社、コンサルティング会社を経て株式会社船井総合研究所に入社。2001年から10年にわたり組織活性化コンサルテーションを行う。2011年独立し、動物病院専門の経営コンサルティング会社、株式会社サスティナコンサルティングを設立する。個別支援、勉強会、セミナー講演などの実績をもとに、「永続する動物病院づくり」を基本コンセプトとしたコンサルティング活動を全国で展開する。コンサルティングのポリシーは、「机上の空論ではない現場・実践主義」が基本。理論だけではない実践的なノウハウの構築を信条としている。
著書に「最新動物病院経営指針」（分担執筆・チクサン出版社）「動物病院経営実践マニュアル」（チクサン出版社）など。

（連絡先）
メール　fujiwara@f-snc.com、　ブログ　http://ameblo.jp/fujiwara-scope/
ホームページ　http://www.f-snc.com

動物病院チームマネジメント術

2011年3月1日　第1刷発行

著　者　藤原慎一郎
発行者　森田　猛
発　行　チクサン出版社
発　売　株式会社　緑書房
　　　　〒103-0004　東京都中央区東日本橋2丁目8番3号
　　　　TEL　03-6833-0560
　　　　http://www.pet-honpo.com

DTP　有限会社　浪漫堂
デザイン　株式会社　メルシング
印　刷　三美印刷株式会社

©Shinichiro Fujiwara
ISBN978-4-88500-680-7　Printed in Japan
落丁・乱丁本は弊社送料負担にてお取り替えいたします。

本書の複写にかかる複製、上映、譲渡、公衆送信（送信可能化を含む）の各権利は株式会社緑書房が管理の委託を受けています。

JCOPY 〈（社）出版者著作権管理機構　委託出版物〉
本書の無断複写は著作権法上での例外を除き禁じられています。複写される場合は、そのつど事前に、（社）出版者著作権管理機構（電話 03-3513-6969、FAX 03-3513-6979、e-mail: info@jcopy.or.jp）の許諾を得てください。